基于水足迹理论的灌区农业节水潜力研究

——以河套灌区为例

曹连海　著

U0309234

项目资助：
"十二五"国家科技支撑计划（2011BAD29B09）
高等学校学科创新引智计划（B12007）

科学出版社

北　京

内 容 简 介

本书将水足迹理论应用到农业节水潜力研究中，提出了农业节水潜力理论框架体系和计算方法；在分析农业节水潜力科学内涵基础上，提出了农业生产水足迹控制标准阈值区间，建立了农业节水潜力计算模型，给出了计算流程。以河套灌区为研究对象，计算了保证粮食安全、合理种植结构和水资源约束三种情形模式下的农业节水潜力。本书的主要特色如下：一是将灌区农业用水理论和水足迹理论有机结合，建立一种基于作物生产水足迹的灌区农业节水潜力计算方法；二是将理论与实践相结合，在构建农业节水潜力理论的同时，将其应用于河套灌区。

本书可作为水土保持与荒漠化防治、农业水土工程、水文水资源、环境科学及管理学等专业研究生的参考书，也可供从事水足迹计算及水足迹贸易、农业节水及水土资源高效利用、灌区规划等专业研究人员和实践工作者参考。

图书在版编目(CIP)数据

基于水足迹理论的灌区农业节水潜力研究：以河套灌区为例/曹连海著. —北京：科学出版社，2016.9
　ISBN 978-7-03-049878-6

　Ⅰ.①基… Ⅱ.①曹… Ⅲ.①河套-灌区-节约用水-研究 Ⅳ.①S274.2

中国版本图书馆 CIP 数据核字(2016)第 214784 号

责任编辑：李　雪 / 责任校对：桂伟利
责任印制：张　伟 / 封面设计：无极书装

科 学 出 版 社 出版
北京东黄城根北街 16 号
邮政编码：100717
http://www.sciencep.com

北京中石油彩色印刷有限责任公司 印刷
科学出版社发行　各地新华书店经销

*

2016 年 9 月第 一 版　　开本：720×1000 1/16
2016 年 9 月第一次印刷　　印张：8 3/4
字数：210 000
定价：78.00 元
(如有印装质量问题，我社负责调换)

前　　言

　　水资源紧缺已经威胁到了人类生存与发展,节约用水可以缓解日益严重的水危机,实现水资源的高效利用是人类未来生存与发展的必由之路,也是世界各国关注的重大战略问题。中国是一个水资源短缺的国家,水资源严重不足已经成为中国社会经济发展的瓶颈,关系到国家和民族的生存与发展。因此,中国领导人毛泽东、江泽民等都把水作为国家社会经济发展的基石。水利部统计 2011 年我国人均水资源量不足 1800m³,中国农业用水量为 3437.5亿 m³,超过用水总量的 60%,灌溉用水效率仅为 0.51,远低于发达国家的0.7~0.8,农业节水潜力巨大。随着中国社会经济的快速发展,工业用水和生活用水必然会有较快的增长,农业"高消费"用水的局面必须要彻底改变,故国家提出了农业节水战略。从粮食生产和水资源关系分析,中国粮食生产对农业水资源依赖性很大,农业灌溉对中国粮食安全至关重要,而水资源短缺问题却常常困扰着中国农业生产,特别是在没有灌溉就没有农业的西北地区。气候变化造成极端气候的频率增加,也制约着中国农业用水和粮食生产。农业技术进步及政策保障、增加生产投入等措施一定程度上可以减缓农业水资源的紧张程度,但农业水资源的高效利用已经成为中国农业生产和保障粮食安全的必然选项。农业水资源可持续利用是河套灌区可持续发展的必然要求,农业水资源的高效利用是可持续利用灌区水资源的前提和基础。农业是中国节水潜力最大的行业,农业节水不仅关系到了中国社会经济健康发展的全局性战略,而且也是确保中国粮食安全、生态安全和水安全的基本策略。农业作为解决人们吃饭问题的基础性产业,事关国家粮食安全大局;农业也是水资源的最大用户,高效利用农业水资源对水资源的可持续利用有着非比寻常的涵义,推广和使用农业节水技术是高效利用农业水资源的基础和前提。农业节水技术与经济发展水平和科技进步密切相关,阶段性特点明显。从节水技术应用角度来看,节水技术的适用条件和使用范围不同,加之各地的自然地理条件、资金投入和管理水平的差异较大,农业节水技术具有区域适应性特点。

　　现代节水农业的发展也给我们提出了几个非常尖锐的问题:农业节水技术的发展对农业水资源综合利用水平的影响究竟有多大? 农业水资源的综合利用效率是不是可以永无休止的提高,一直达到 100% 为止? 这些问题的提出就为农业节水潜力的计算与评价提供了广阔的空间。

本书本着理论与实践相结合的原则,分为理论研究和实际应用研究两个部分。以灌区农业用水和水足迹理论为依据,以建立灌区农业节水潜力计算理论为目的,所涉及的科学领域包括农业水土工程、水文水资源、生态环境、经济、管理、数学、农学等诸多学科,涉及内容广泛,工作量大。技术关键点为三个方面:建立农业节水潜力计算理论框架体系,确定合理种植结构、农业生产水足迹控制标准和种植业蓝水可利用量三个阈值或阈值区间,确定农业经济用水量和作物经济需水量。引入水足迹理论,架构了农业节水潜力的理论框架体系,建立农业节水潜力计算模型;提出了农业生产水足迹控制标准的概念、内涵、计算方法和农业生产水足迹控制标准阈值区间;发现河套灌区农业生产水足迹系统和种植结构系统在 2004 年发生突变,协同异化特征明显,提出了河套灌区种植结构合理阈值区间;在农业水足迹计算中考虑了灰水足迹,提出了灌区尺度的灰水足迹计算方法。

节水灌溉可以缓解灌区水资源供需矛盾,提高水分利用效率,减少水资源的无效使用量。准确而合理地确定灌区节水潜力,不仅对灌区节水灌溉技术选择和节水灌溉规划有科学指导意义,而且对灌区农业水资源合理匹配、种植结构调整、社会经济发展及水源地建设规划等都有着非常重要的现实意义。

在前期研究和本书撰写过程中,得到西北农林大学吴普特研究员的指导,在写作与成稿过程中多次与赵西宁研究员和王玉宝副教授讨论,听取了他们很好的建议,感谢中国旱区节水农业研究院的蔡焕杰教授、马孝义教授、冯浩研究员等的指正,感谢樊良新和操信春的帮助,感谢郝仕龙、杨永辉、陈小莉、范文波、高晓东、赵勇钢、成六三、孙世坤、张宝庆、黄俊、赵建民、王娟等的支持。

受作者水平所限,书中难免存在不足之处,且对农业节水潜力还需进一步深入研究。敬请各位专家和读者批评指正!

曹连海
2016 年 8 月

目　　录

第1章 绪 论

1.1 研究背景和意义

1.1.1 水资源高效利用是农业发展的必然要求

水资源紧缺已经威胁到了人类生存与发展,节约用水可以缓解日益严重的水危机,实现水资源的高效利用是人类未来生存与发展的必由之路,也是世界各国关注的重大战略问题(吴普特和牛文全,2003;吴普特和冯浩,2005)。中国是一个水资源短缺的国家(吴普特和冯浩,2005),2011年人均水资源量不足1800m³,(水利部,2011),水资源严重不足已经成为中国社会经济发展的瓶颈,关系到国家和民族的生存与发展。因此,中国几代领导人都把水作为国家社会经济发展的基石(毛泽东,1991;江泽民,1999)。2011年中国农业用水量为3437.5亿 m³,超过用水总量的60%,灌溉用水效率仅为0.51(水利部,2011),远低于发达国家的0.7~0.8,农业节水潜力巨大。随着中国社会经济的快速发展,工业用水和生活用水必然会有较快的增长,农业"高消费"用水的局面必须要彻底改变,故国家提出了农业节水战略(吴普特和牛文全,2003)。从粮食生产和水资源关系分析,中国粮食生产对农业水资源依赖性很大,2011年全国粮食播种面积11057.32万 hm²(吴普特等,2013),有6764.86万 hm²分布在降雨量不足800mm的北方地区,约占全部播种面积的61%,约有1100hm²分布降雨量不足300mm的西北地区,全国2/3粮食播种面积分布在降雨量不足1000mm的地区,他们属于常年灌溉或不稳定灌溉带。2011年中国耕地灌溉面积0.615亿 hm²,超过耕地总面积的一半(姚宛艳等,2013)。由此可见,农业灌溉对中国粮食安全至关重要,而水资源短缺问题却常常困扰着中国农业生产,特别是在没有灌溉就没有农业的西北地区(刘涛,2009)。与之同时,气候变化造成极端气候的频率增加,也制约着中国农业用水和粮食生产(吴普特和赵西宁,2010;Wu et al.,2010;Zhang et al.,2014),农业技术进步及政策保障、增加生产投入等措施一定程度上可以减缓农业水资源的紧张程度,但农业水资源的高效利用已经成为中国农业生产和保障粮食安全的必然选项。农业水资源可持续利用是河套灌区可持续发展的必然要求,农业水资源的高效利用是可持续利用灌区水资源的前提和基础(刘渝,2009)。

1.1.2　农业是水资源消耗大户,也是节水潜力最大的行业

农业是国民经济的基础性产业(山仑等,2004),也是用水量最多和水资源占用比重最大的行业。1980 年农业用水的比重为 83.4%,2008 年农业用水 3663.4 亿 m³,占总用水量的 62%,实灌农田亩均用水量为 435m³,而西部地区为 556m³;农业实际耗水占用水消耗总量的 74.7%。2010 年农业用水占全部用水的比重为 61.3%,实灌农田亩均用水量为 421m³,农业实际耗水占用水消耗总量的 73.6%(水利部,2004—2012)。

农业是中国节水潜力最大的行业,农业节水不仅关系到中国社会经济健康发展的全局性战略,而且也是确保中国粮食安全、生态安全和水安全的基本策略(吴普特等,2007)。近年来生活、工业和农业用水比例基本在 1∶3∶6,农业用水所占比例可能在 2030 年前降低到不足 60%(吴普特和牛文全,2003)。为了确保 2030 年的中国粮食安全,农业用水量必将维持在较高的水平,基本维持在 3500 亿 m³ 左右。在农业用水中,农业灌溉用水所占比例最大,2008 年农业灌溉占农业用水量的 90.2%;2010 年农业耗水量占全部耗水量的 73.6%,农田耗水量占农业耗水量的 85.6%。目前中国总灌溉面积的97%是地面灌水,在北方地区农田灌溉用水是农业用水量的 85%,主要是地面灌溉及井灌等传统灌溉模式(吴普特和牛文全,2002)。从水安全国家战略角度考虑,中国农业用水在未来一段时间仅能保持在负增长或零增长。发展节水型农业、建设节水型社会是解决水资源短缺问题的必然选择。节水型农业是以提高农业用水效率为核心,以节水、增产、高效、优质为特征的现代农业(吴普特和牛文全,2003),其核心是采用先进的节水技术和合适农业生产技术,利用现有水资源,提高农业用水生产效率和利用率,保障农业可持续发展(吴普特和牛文全,2003)。因此,只有大力发展节水灌溉才能保障粮食安全、农业可持续发展,才能实现 2020 年粮食增产 1000 亿斤[①]目标(秦大庸等,2004)。

1.1.3　农业节水潜力研究对节水农业发展具有重要意义

农业作为解决人们吃饭问题的基础性产业,事关国家粮食安全大局;农业也是水资源的最大用户,高效利用农业水资源对水资源的可持续利用有着非

---

① 　1 斤=0.5kg。

比寻常的意义,推广和使用农业节水技术是高效利用农业水资源的基础和前提。农业节水技术与经济发展水平和科技进步密切相关,阶段性特点明显。从节水技术应用角度来看,节水技术的适用条件和使用范围不同,加之各地的自然地理条件、资金投入和管理水平的差异较大,农业节水技术具有区域适应性特点(江平,2004)。

节水灌溉可以缓解灌区水资源供需矛盾,提高水分利用效率,减少水资源的无效使用量。准确而合理地确定灌区节水潜力,不仅对灌区节水灌溉技术选择和节水灌溉规划有科学指导意义,而且对灌区农业水资源合理匹配、种植结构调整、社会经济发展及水源地建设规划等都有着非常重要的现实意义。

现代节水农业的发展也给我们提出了几个非常尖锐的问题:农业节水技术的发展对农业水资源综合利用水平的影响究竟有多大? 农业水资源的综合利用效率是不是可以永无休止的提高,一直达到 100% 为止? 这些问题的提出就为农业节水潜力的计算与评价提供了广阔的空间。

1.2　国内外研究现状

1.2.1　农业节水潜力概念

关于节水潜力的概念还没有统一的认识(马学明等,2009),主要争论点在于"节水"节的是"灌溉水"还是"水资源"。段爱旺等(2002)将节水分为狭义节水和广义节水两个层次,狭义节水是指采用节水措施直接减少的用水损失和水资源直接消耗量,广义节水是指采用节水措施提高水分生产率,提高单位用水产出和作物单产而减少的水资源需求量。狭义节水减少的田间用水量,称作狭义节水潜力;广义节水减少的水资源需求量为广义节水潜力;二者共同组成了农业节水潜力。农业节水潜力以农产品总产出不变为基础、以实施节水技术措施为条件,而减少的农田用水总量。农业节水潜力通过工程、农艺和管理措施一起发挥作用而实现。傅国斌等(2003)提出理论节水潜力的概念,即作物在非充分灌溉下的需水量与实际灌溉用水量的差值;又将理论节水潜力乘一个系数即为实际节水潜力。任继周等(2004)根据水分的控制和运行特点,研究灌溉农业节水潜力,其值就是在保证灌区农产品总产出不变的前提下,通过应用节水技术和实施节水措施,当前农田用水量的可能减少值。将农业节水分为农艺节水和工程节水两个层次,分别将其潜力称作工程节水潜力和农艺节水潜力。欧建锋等(2005)将现状基准年用水量与各水平年用水指标的差值作为节水潜力,也就是在充分节水条件下,达到最小的农田净灌溉定额和最大的灌溉水利用系数的用水量与现状基准年用水量的差值。商彦蕊等(2006)计算了节水的上限。张艳妮等(2007)将灌溉用水量与作物需水量的差值作为农业节水潜力,认为农业节水潜力的大小与用水管理制度相关,并将农业节水潜力分为理论节水潜力和实际节水潜力,理论节水潜力是在理想条件下所节约的最大水资源量,现实节水潜力与社会的发展阶段密切相关,在某个特定阶段,管理技术水平、居民节水意识、水价、与水相关的法律、法规及水利投资都会影响到现实节水潜力。裴源生等(2007)以广义水资源理论为基础,从耗水节水角度探讨农业节水潜力,其值为采用可能节水措施的耗水量与不采用节水措施耗水量间的差值,他认为这是真正的区域节水潜力。张艳妮(2008)把采取工程节水措施减少的水资源直接消耗量称作工程节水潜力,把提高作物水分利用效率减少的水资源消耗量称作农艺节水潜力;二者之和为农业节水潜力。雷波等(2011)提出了净节水潜力的概念,即为减少的无效腾发量和无效流失量之和。刘路广等(2011)从土壤水平衡角度提出了农业理论节水潜力。

国外节水潜力的研究较少,Yurdusev 和 Kumanlıoğlu(2008)通过调查,研究了家庭节水潜力,对节水潜力的概念并未论述。

1.2.2　农业节水潜力计算方法

由于农业节水潜力没有统一的认识,其计算方法也是有着很大的差别,大致可分为三种:

1. 按照灌溉水水分转化阶段计算

段爱旺等(2002)认为区域广义节水潜力与狭义节水潜力之和等于区域的总节水潜力;狭义节水潜力等于现状灌溉用水总量减去基础用水量再加上有效降水量,广义节水潜力等于区域内各种作物的广义节水潜力之和。任继周等(2004)将灌溉水水分转化阶段分成工程和农艺两个阶段,分别计算工程节水潜力和农艺节水潜力,灌溉农业节水潜力等于工程节水潜力与农艺节水潜力之和,将其称作最大节水潜力,最大节水潜力中在某个阶段预期可以实现的潜力称为可实现潜力。以保证田间作物生长正常为条件,实施节水措施,使调用的灌溉水量直接减少的数量为工程节水潜力;以满足作物需水为条件,以作物水分利用效率的提高为途径而减少的水资源消耗量即为农艺节水潜力。

欧建锋等(2005)选取50%(平水年)、75%(一般干旱年)、95%(特殊干旱年)作为设计频率,设计不同作物的灌溉定额,计算实际灌溉用水量与计算量之差,作为节水潜力。吴旭春等(2006)在分析输水系统节水潜力、平原水库增蓄水潜力、田间灌溉节水潜力的基础上,将其之和作为节水潜力。商彦蕊等(2006)通过的实际灌溉用水总量与理论灌溉需水总量之差得到节水潜力。左燕霞(2007)以作物需水量为出发点,综合无效蒸腾、土壤水和有效降水等多重因素,用灌溉水资源利用系数得到规划年需水量,同时把节水意识、水管理和投资等因素考虑进去,估算节水模式下的规划年实际节水潜力。裴源生等(2007)认为各水平年推荐配置方案下的耗水量与不节水方案的耗水量的差值即为区域实际耗水节水潜力。杨颖(2008)将农业节水潜力分为农艺节水潜力和工程节水潜力进行计算的。Yurdusev和Kumanlıoǧlu(2008)通过调查,把家庭用水分成盥洗室、厕所、洗浴、厨房、洗衣机、洗碗机、室外浇花、洗车等,每一项节水量之和作为节水潜力。崔远来等(2010)在等效概化灌区渠系基础上,用经验公式法分析计算节水潜力。王艳阳等(2012)计算极端干旱条件下的关中灌区农业节水潜力;尹剑等(2013)计算关中地区作物节水潜力。

2. 指标体系评价法

庄严(2006)选取了有代表性的指标构成指标体系,利用人工神经网络建立节水潜力评价模型,用洛阳孟津试验资料评价节水潜力。马学明(2009)采用五大类41个指标评价流域农业节水潜力,分析计算出各指标对总目标节水潜力的权重,建立了综合评价模型。赵西宁等(2014)认为节水水平的高低、地区农业用水规模及合理的农业节水方法是由地区经济社会发展水平、水文及水资源、农业节水、生态环境和农业水资源等因素决定的,这些因素影响着地区的农业节水潜力实现程度。曹连海等(2014)以内蒙古河套灌区为研究对象,根据协同学支配原理,分别在作物种植系统资源环境、社会经济和种植结构子系统设置了序参量,利用基于协同学原理的种植系统演化特征识别模型,计算了河套灌区1960~2008年种植系统的有序度和协调度,分析了系统协调度变化规律,揭示了该系统的协同异化规律,提出了种植结构合理阈值区间。

3. 估算法

傅国斌等(2003)以作物需水量为出发点,利用调节因子,估算实际节水潜力。秦大庸等(2004)通过提高渠系水利用系数、田间水利用系数、灌溉水利用系数,估算西北地区农业总节水量 70 亿 m^3。周振民和赵红菲(2007)利用灰色系统理论预测用水量,根据灌区的特点寻求节水后的需水量,两个相减即为灌区的节水潜力。彭致功等(2009)用遥感 ET 数据分析产量和水分生产率之间关系 (Cammalleri et al.,2014)得到典型作物耗水节水潜力。魏芳菲(2009)基于真实节水的概念,以作物水分生产率为出发点,用遥感估算作物水分生产率,并以此为标准估算区域农业节水潜力。张翠芳和牛海山(2009)用FAO-56 推荐的灌溉指标法,计算民勤农田灌溉需水量,并通过设定情景,在可比条件下探讨《石羊河流域综合环境治理规划》中提出的 3 项措施在压缩农业用水方面的潜力。曹成立(2010)从农业节水指标出发估算农业节水潜力和分析节水效益。刘路广等(2011)从灌区水资源使用角度,利用水量平衡原理估算柳园口灌区理论农业节水潜力。雷波等(2011)以灌溉水利用系数为切入点,引入毛节水量,将其分解为无效损失量和无效耗水量,无效损失量与回归水之差即为无效流失量,无效流失量和无效耗水量之和为净节水潜力。

1.2.3   国内外水足迹研究进展

1. 概念

水足迹概念的形成和发展与生态足迹概念相似,上世纪九十年代引入了生态足迹,即一定人群生态足迹是表征在某一生活标准下,该人群所利用资源的生产及其消费资源产生废弃物被吸收而需要的水域生态系统和生物生产性面积(徐中民等,2000)。生态足迹表征了人类生存需要的真实土地面积(王新华等,2010)。

英国学者 Tony Allan 在上世纪九十年代初首次提出了虚拟水(virtual water)。提供服务和生产产品时需要消耗的水资源量,即为其中凝结的虚拟水量(Hoekstra,2003;Bulsink et al.,2010;鲁仕宝等,2010;Lane,2014)。2002 年、2003 年的荷兰 Delft、日本东京国际会议对虚拟水进行了专门讨论,推动虚拟水研究在全球展开(马静等,2005;Cazcarro et al.,2014)。虚拟水包含在产品中,以虚拟的形式表现出来,并不是传统的水。人类消费的资源既包括日用品、食物和生活消费的直接水资源,也包括人类享有的生态环境资源,其为人类提供生态服务及功能（龙爱华等，2005；Chen et al.，2010）。虚拟水存在于服务和商品中，一个区域的总需水量既包括该区域直接用水量，又包括虚拟水进出口量的差值（邓晓军等，2007；Montesinos et al.，2011）。

虚拟水的特征主要有以下三点：①非真实性（赵军和付金霞，2006；Hoff et al.，2014）。虚拟水是凝结在服务和产品中看不见的水，又有外生水和嵌入水的说法；外生水是指进口商品或服务的区域，凝结在商品或服务中虚拟水同时进口到该区域，相当于进口了虚拟水，该区域人使用的水包含了非本区域的水。嵌入水是指以各种形式存在于产品中一定量的水。②可交易性。商品和服务的交换可以通过贸易实现，商品和服务中凝结着虚拟水，商品和服务交换的越多，交换的虚拟水也就越多。③便利快捷性。实体水贸易不易，运输难、成本高，使这种贸易不易实现。而产品中所含的虚拟水随着产品贸易而方便、快捷运输到进口地，对于进口地由于进口了商品中所含的虚拟水，减小了本地水资源压力，因此虚拟水贸易可以缓解区域水资源分布不均而带来的环境压力和水资源短缺问题（史长莹，2009；Liu et al.，2012）。

Hoekstra（2003）认为，任何已知人口（可以是国家、区域或某个人）在一定时间内消费产品和服务而需要水资源的数量，即为该国家、区域或某个人的水足迹（王新华等，2005）。水足迹从水资源消费角度出发、采用账户方式，探究社会经济发展与水资源占用的关系，思考社会经济系统中水资源的转换和迁移，探索消费结构模式和水资源利用的关系，探讨社会经济领域所包含的水资源问题，可以真实反映区域经济发展和经济建设消费的水资源状况，可作为区域水资源利用的指针（Chapagain and Hoekstra，2003；王新华等，2005；Chapagain and Hoekstra，2008；赵红飞和方朝阳，2010；Maite M Aldaya et al.，2010；）。由于水足迹以消费角度权衡人类真实占用的水资源，构建人类消费模式与水资源利用的关系；与之同时又在社会领域中关注了水资源问题，故水足迹可用于测定人类自身活动对水资源系统影响程度，为可持续利用水资源提供了新的视角（龙爱华等，2006；邹君和杨玉蓉，2008；覃德华等，2009）。现在水足迹不仅包括蓝水和绿水，还包括灰水（Mekonnen and Hoekstra，2010；Hoekstra and Mekonnen，2012；Shrestha et al.，2013），灰水与污染、水体自净能力相关。

2. 量化方法

当前，国际上计算水足迹的方法主要是自上而下法和自下而上法（王新华等，2005；龙爱华等，2006；覃德华等，2009；Li and Huang，2010；Sun et al.，

2013)。自下而上法就是把单位某商品所含的虚拟水量与该商品的数量相乘，得到该商品的虚拟水总量，某区域消费的各种商品虚拟水总量之和，即为该区域的虚拟水总量。不同区域由于生产商品的效率不同，所含的虚拟水量也不同，故商品的虚拟水含量与地域、生产条件函数关系密切。自上而下法就是将区域内利用的水资源量和区域虚拟水净流入量之和作为区域水足迹。

采用自上而下法时，水足迹包括本区域利用的水资源量和虚拟水净流入量，前者为内部水足迹，后者为外部水足迹。可用于衡量本区域居民对区域外水资源依赖程度，若该区域为一个国家，从而计算一个国家的水安全；采用自下而上法时，计算相对简单，基础数据可以从统计年鉴查得，但有时数据不全或详尽性不够会影响计算的准确性。单个农产品水足迹的计算主要是由FAO 推荐的 CROPWAT 软件计算的（Smith，1993a；Smith，1993b；潘冰，2007；项学敏等，2009；Mekonnen and Hoekstra，2010；孙才志等，2010；孙世坤等，2010；亢振军等，2010；Iqbal et al.，2013）。

3. 应用

水足迹理论自产生以来，很快就成为研究热点，水足迹理论主要用在以下几个方面：

1）宏观问题研究

吴普特等（2010）分析中国南北方粮食贸易，提出了 1990 年后我国形成了"农业北水南调虚拟工程"。孙义鹏（2007）按照不同产业计算了大连市水足迹，认为大连市虚拟水出口量大于水资源量，对大连市水资源安全不利甚至有危害，应加强虚拟水贸易，增加虚拟水进口量，保障城市的水资源安全。李芳（2008）研究虚拟水战略，认为虚拟水战略是一种比较有效的水资源安全战略，对于优化水资源管理有着十分突出的作用。Liu 等（2008；2009）用水足迹理论研究水安全问题。Mekonnen and Hoekstra（2011a，2011b）从生产和消费角度，研究世界主要国家的蓝水、绿水和灰水足迹，进而研究虚拟水贸易。Ridoutt and Pfister（2013）评估全球的用水压力。曹连海等（2014）应用水足迹理论，给出粮食生产灰水足迹的计算方法，计算分析河套灌区粮食生产灰水足迹。

2）水资源利用评价

王新华等（2005）引入了水足迹的概念和计算方法及其相关评价指标，计算分析了 2003 年甘肃省的水足迹。雷玉桃等（2010）评价了广州市不同行业的虚拟水。何浩等(2010)运用水足迹的理论和方法计算了湖南省水稻水足迹,并分析了其历史变化和构成特征,建议减少单季稻,增加双季稻种植面积。蔡燕等(2009)计算了黄河流域主要省区的总水足迹和人均水足迹。Wang 等(2007)以重庆市为例,进行区域水资源评价。Chapagain and Hoekstra(2011)研究全球大米的绿水、蓝水和灰水足迹及大米贸易相关的虚拟水流动量。Mekonnen and Hoekstra(2012)估算全球动物产品的水足迹。

1.3 存在的问题

(1) 随着现代节水农业的快速发展,节水究竟节的是灌溉水还是水资源? 节水有没有临界值,也就是说节水措施到了一定高度,还能不能节水?

(2) 人们对于农业节水潜力至今还没有统一的认识,农业节水潜力的内涵随着概念的不同而不同,其计算方法也比较多,由于其概念和内涵缺乏统一性,其计算结果可比性差。

(3) 能不能找到一种切实可行的方法来研究农业节水潜力,使计算结果具有较好的可比性? 能否探索农业节水潜力的真值?

1.4 研 究 目 标

针对现有研究存在的问题和不足,利用水足迹理论建立灌区农业节水潜力计算理论框架体系,以探索农业节水潜力真值为主线,主要采用理论推演、数值计算与实证分析相结合的方法,并以内蒙古河套灌区为例进行实证研究,探讨近五十年来河套灌区农业生产水足迹的演化特征和演化规律,计算不同情景模式下的灌区农业节水潜力,探索灌区农业节水潜力的真值。力求回答:(1)灌区农业生产水足迹的演化特征如何? (2)农业节水潜力的理论框架体系及其基本概念和内涵是什么? 如何将水足迹理论应用到灌区农业节水潜力研究中,建立基于水足迹理论的农业节水潜力计算模型,确定模型的边界条件和计算流程? (3)如何在多种情景模式,确定计算灌区农业生产水足迹控制标准,计算灌区农业节水潜力,动态分析环境因素对农业节水潜力的影响?

1.5　研究内容、研究方法与技术路线

1.5.1　研究内容

1. 灌区农业节水潜力计算理论与方法

以灌区用水理论和水足迹理论为指导,建立农业节水潜力研究的理论框架体系;定义灌区农业节水潜力的概念,建立灌区农业节水潜力模型,确定模型的边界条件和计算流程;定义农业生产水足迹控制标准,研究其阈值区间。

2. 灌区农业生产水足迹及其演化规律

计算灌区农业生产蓝水足迹、绿水足迹和灰水足迹,得到灌区农业生产水足迹。根据协同支配原理设置灌区农业生产水足迹系统序参量,建立基于协同学原理的灌区农业生产水足迹系统演化特征模型,分析其演化规律。

3. 河套灌区农业节水潜力

以河套灌区为例进行实证研究。设置水资源约束、粮食安全和种植结构等情景模式,计算灌区农业节水潜力。研究合理种植结构阈值、作物经济需水量、农业经济用水量和种植业可利用蓝水资源量;计算不同情景模式下灌区农业生产水足迹及其控制标准,得到灌区农业节水潜力。动态分析环境因素对农业节水潜力的影响。

1.5.2　研究方法

采用理论推演、数值计算与实证分析相结合的研究方法。具体是以水足迹理论为指导,建立农业节水潜力研究的理论框架体系;定义灌区农业节水潜力,给出其基本内涵;建立灌区的农业节水潜力计算模型;研究灌区农业生产水足迹控制标准的阈值区间;得到不同情景模式下的河套灌区农业生产水足迹控制标准;计算河套灌区农业节水潜力,并动态分析环境因素对农业节水潜力的影响。根据研究内容,全文共分为理论研究和实证研究两大块。研究方法如下:

1. 农业节水潜力概念和计算方法

目前农业节水潜力尚未有统一的认识,水足迹理论是一种透过现象直达

本质的研究思想。利用水足迹基本理论与灌区农业节水潜力内在的关联性，将作物需水量作为农业节水潜力理论研究的逻辑起点,研究区域、研究目的、研究对象、水平年、计算理论、计算方法、计算流程和计算结果 8 部分作为农业节水潜力理论研究的内核,对灌区农业节水潜力计算过程和结构起着间接作用的要素作为理论研究外核,对灌区农业节水行为和潜力的计算结果产生影响的外部因素作为环境因素,建立农业节水潜力研究的理论框架体系。利用理论框架体系研究农业节水潜力的基本概念和基本内涵,并建立灌区农业节水潜力计算模型,确定模型计算的边界条件和计算流程。

2. 灌区农业生产水足迹控制标准的确定

根据灌区农业节水潜力理论框架体系,研究农业生产水足迹控制标准的基本概念和基本内涵,确定农业生产水足迹控制标准的计算方法。根据理论框架体系,引入农业经济用水量和农作物经济需水量两个基本概念,确定灌区农业生产水足迹控制标准的阈值区间:将农业经济用水量作为阈值区间的上限值,将农作物经济需水量作为阈值区间的下限值,即灌区农业生产水足迹控制标准的阈值区间为[农作物经济需水量,农业经济用水量]。根据农业经济用水量的概念和内涵,研究农业经济用水量的计算方法,给出农作物经济需水量的量化方法。

3. 河套灌区农业节水潜力

以河套灌区为例进行实证研究。根据国家规范《灌溉排水设计工程规范(GB50288—99)》,确定平水年($P=50\%$)和一般干旱年($P=75\%$)两个水文年;根据《全国新增 1000 亿斤粮食生产能力规划》确定 2015、2020 和 2030 三个水平年;根据理论框架体系,确定保证粮食安全、种植结构和水资源约束三种情景模式,分别计算农业节水潜力。

1) 农业生产水足迹

根据河套灌区降水资料,计算不同水文年的降水量及降水年内分配;根据作物不同生育期,计算作物生育期的有效降水量,确定农业生产绿水足迹。根据作物需水量和农业生产绿水足迹,计算农业生产蓝水足迹。根据河套灌区农业生产中的负面环境效应,计算农业生产灰水足迹。则:

$$农业生产水足迹 = 农业生产蓝水足迹 + 农业生产绿水足迹$$
$$+ 农业生产灰水足迹$$

2）阈值区间的确定

利用协同论等理论,确定合理种植结构阈值区间。计算灌区农业经济用水量和作物经济需水量,确定不同作物种植 $1hm^2$ 时农业生产水足迹控制标准的阈值区间。根据河套灌区生活用水、工业用水和牧业用水及灌区蓝水总量,确定种植业蓝水可利用量。

3）农业节水潜力

计算不同情景模式、水平年的合理种植结构,在此基础上计算不同种植结构的农业生产水足迹和农业生产水足迹控制标准,从而得到灌区农业节水潜力:

灌区农业节水潜力 = 农业生产水足迹 — 灌区农业生产水足迹控制标准

动态分析社会经济发展水平和农业产业政策等环境因素对农业节水潜力的影响。

1.5.3　技术路线

本书分为基础理论和实际应用研究两个部分。以灌区农业用水和水足迹理论为依据,以建立灌区农业节水潜力计算理论为目的,所涉及的科学领域包括农业水土工程、水文水资源、生态环境、经济、管理、数学、农学等,涉及内容广泛,工作量大。技术关键点为三个方面:建立农业节水潜力计算理论框架体系,确定合理种植结构、农业生产水足迹控制标准和种植业蓝水可利用量三个阈值或阈值区间,确定农业经济用水量和作物经济需水量。本书采用以下技术路线:

（1）以灌区农业用水理论、水足迹理论为基础,研究灌区农业节水潜力理论框架体系,研究农业节水潜力的基本概念和内涵,建立灌区农业节水潜力计算模型;确定模型的边界条件和计算流程。

（2）利用灌区农业节水潜力理论框架体系,研究灌区农业生产水足迹控制标准基本概念和内涵,确定灌区农业生产水足迹控制标准的阈值区间。利用灌区农业节水潜力计算模型计算农业节水潜力。

（3）以河套灌区为例进行实证研究。设置保证粮食安全、合理种植结构和水资源约束等情景模式,确定合理种植结构、农业生产水足迹控制标准和种植业蓝水可利用量三个阈值或阈值区间。计算不同情景模式、不同干旱水平和不同水平年的灌区农业节水潜力,动态分析环境因素农业节水潜力的影响。

具体技术路线见图 1-1。

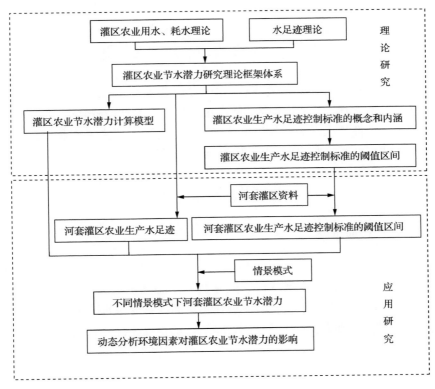

图 1-1　技术路线图

1.6　本书的创新点

（1）引入水足迹理论，架构农业节水潜力的理论框架体系，建立农业节水潜力计算模型；提出农业生产水足迹控制标准的概念、内涵、计算方法和农业生产水足迹控制标准阈值区间；

（2）发现河套灌区农业生产水足迹系统和种植结构系统在 2004 年发生突变，协同异化特征明显，提出了河套灌区种植结构合理阈值区间；

（3）在农业水足迹计算中考虑了灰水足迹，提出了灌区尺度的灰水足迹计算方法。

第2章　灌区农业节水潜力计算理论与方法

本章在分析灌区农业供水、耗水和用水的基础上，应用水足迹理论，建立了灌区农业节水潜力、农业生产水足迹和农业生产水足迹控制标准的概念、内涵。构建了农业节水潜力计算模型，并给出计算流程；研究了农业生产水足迹的计算方法，确定了农业生产水足迹控制标准阈值区间。

2.1　灌区农业用水理论分析

2.1.1　灌区农业供水

灌区作为典型的自然-人工-社会复合系统，对保障中国粮食安全具有基础性的作用。灌区作为发展现代农业和维持生态环境健康的基本区域，对区域社会经济发展起着非常重要的促进作用。灌区农业供水主要包括灌溉水和有效降水，也就是水足迹理论的蓝水和绿水，二者之和就是农业水足迹。

1. 灌溉水

灌溉就是通过人工补充土壤水分，改善农作物生长发育条件的技术措施。灌区灌溉必须有相应的灌溉水源，灌溉水源可以是地表水和地下水，也可以是经过处理后达到《农田灌溉水质标准（GB5084—2005）》的中水。灌溉引水量的大小和灌区面积、灌溉制度、种植结构、灌溉方式、灌溉定额及输水方式等因素密切相关。A灌区若灌溉面积为 M，种植 5 种作物，一年两季，复种指数为 2。夏季种植 A_1、A_2 和 A_3 三种作物，种植面积分别为 M_1、M_2 和 M_3；在灌溉保证率为 50％情况下，A_1 生育期需要灌溉三次水，生育期净灌溉定额是 x_1；A_2 生育期需要灌溉二次水，生育期净灌溉定额是 x_2；A_3 生育期需要灌溉三次水，生育期净灌溉定额是 x_3。秋季种植 A_4、A_5 两种作物，种植面积分别为 M_4 和 M_5；在灌溉保证率为 50％情况下，A_4 生育期需要灌溉三次水，生育期净灌溉定额是 x_4；A_5 生育期需要灌溉二次水，生育期净灌溉定额是 x_5。选定灌区输水方式，其利用系数为 η_1；田间水利用系数为 η_2，则该灌区的为灌溉引水量 Q_1，Q_1 为

$$Q_1 = \frac{1}{\eta_1 \eta_2} \sum_{i=1}^{5} M_i x_i \tag{2-1}$$

式中，M 为灌区灌溉面积，hm^2；M_i 为作物种植面积，hm^2；$M_1 + M_2 + M_3 = M, M_4 + M_5 = M$；$x_i$ 为作物灌溉定额，m^3；$i = 1, 2, \cdots, 5$。

灌溉引水量包括引用的地表水、地下水和达标处理的中水，若 A 灌区引用的量分别为 q_1、q_2 和 q_3，则

$$Q_1 = q_1 + q_2 + q_3 \tag{2-2}$$

式中，q_j 为引用的地表水、地下水和达标处理的中水量，m^3；$j = 1, 2, 3$。

2. 有效降水

自然降水中补充到作物根层部分的水称作有效降水。在工程实践中，常采用有效利用系数法计算有效降水量

$$P_e = \alpha P_1 \tag{2-3}$$

式中，P_e 为有效降水量，mm；P_1 为一次降水量，mm；α 为有效利用系数。

中国不同的省份 α 有相应的经验值，比如河南省 α 的经验取值为 0.75。由于西北旱区降水量稀少，人们常常认为在作物生育期的降水全部为有效降水，取 $\alpha = 1$。

有效降水量和降水特性、地表覆盖、作物生长、土壤性质及作物根系深度等密切相关，还和上次降水特性、两次降水间隔期、降水期间作物蒸腾蒸发强度和灌溉时间等因素关联。有效利用系数法仅仅用一个有效利用系数反映这种复杂关系，常常出现计算值偏差较大，需要通过实验校正有效降水量。根据吴普特等(2012)研究成果，可得有效降水量 P_e 的计算方法：

当 $P_2 < 83$ 时，

$$P_{ie} = \frac{P_2(4.17 - 0.02 P_2)}{4.17} \tag{2-4}$$

当 $P_2 \geqslant 83$ 时，

$$P_{ie} = 41.7 + 0.1 P_2 \tag{2-5}$$

式中，P_2 为旬降水量，P_{ie} 为第 i 旬有效降水量，mm。

若在作物生育期有 T 旬时间，则

$$P_e = \sum_{i=1}^{T} P_{ie} \tag{2-6}$$

对于 A 灌区,有效降水总量为

$$Q_2 = 10 \times P_e \times M \tag{2-7}$$

式中,Q_2 为有效降水总量,m^3。

3. 农业供水量

农业供水量包括灌溉引水量和有效降水量,故农业供水量为

$$Q_{\text{供}} = Q_1 + Q_2 \tag{2-8}$$

式中,Q 为农业供水量,m^3。

4. 农业供水水足迹

灌溉引水量是水足迹理论中的农业供水蓝水足迹:

$$WF_{\text{蓝}} = Q_1 \tag{2-9}$$

式中,$WF_{\text{蓝}}$ 为农业供水蓝水足迹,m^3。

有效降水量是水足迹理论中的农业供水绿水足迹:

$$WF_{\text{绿}} = Q_2 \tag{2-10}$$

式中,$WF_{\text{绿}}$ 为农业供水绿水足迹,m^3。

农业供水水足迹为

$$WF_a = WF_{\text{蓝}} + WF_{\text{绿}} \tag{2-11}$$

式中,WF_a 为农业供水水足迹,m^3。

2.1.2　灌区农业耗水

灌区农业耗水主要包括田间耗水和输水损失两部分。田间耗水包括作物需水量和深层渗漏;输水损失包括渗漏量、蒸发量。

1. 作物需水量

作物需水量是灌区需水的核心部分,国内外对农作物需水缺乏统一认识,至今没有一个权威的定义(傅国斌等,2003)。作物需水量一般包括植株间土

壤蒸发、作物蒸腾、植株表面蒸发和作物生理需水 4 部分(张永勤等,2001;He et al.,2013;Liu et al.,2014;Taghvaeian et al.,2014),后两者较小,故常用植株间土壤蒸发和作物蒸腾近似表示农作物需水量。在实践中农作物需水量常用下式进行估算和测定:

$$ET_c = K_c \times ET_0 \tag{2-12}$$

式中,ET_c 为作物需水量,mm;K_c 为作物系数;ET_0 为参考作物蒸腾蒸发量,mm。

作物系数 K_c 与气象、土壤水分条件和作物产量水平密切相关,反映了这些因素对作物需水量的影响。ET_0 采用联合国粮农组织 FAO 推荐的 Penman-Monteith 方法计算(苏春宏等,2008;Kitao et al.,2013;Irmak et al.,2013;Heydari and Heydari,2014)。

2. 农作物经济需水量

根据作物水分生产函数(李远华,1999;陈晓楠等,2006;Garcia-Tejero et al.,2013;Azizian and Sepaskhah et al.,2014)研究成果,农作物产量和水分间关系曲线可分为三个阶段:

① 增加水分供给量,作物产量随着水分供给增加而明显增长;这个阶段体现了雨养农业区和灌溉农业区农作物产量的差异性。函数的一阶导数呈现增加趋势,直至最大,二阶导数大于零,出现了函数的第一个拐点,在该拐点水分生产率最大,此拐点处的农作物需水量就称作作物经济需水量。

② 当水分供给量继续增加,农作物产量虽然还在增长,但是增长幅度却明显减小,函数的一阶导数呈现减小趋势,二阶导数小于零,出现了函数的第二个拐点,此拐点处作物单位面积产量最大。

③ 农作物产量随着水分供给增加而减小,说明该农田出现了渍害。

3. 田间深层渗漏

田间深层渗漏量(De Louw et al.,2013)受到灌水深度、灌水均匀度、土壤性质和地下水位等因素的影响,与田间持水量关系密切,若土壤水分大于田间持水量时,就会产生深层渗漏。若不考虑有效降水,可以按照水量平衡计算深层渗漏量(李久生,1993):

$$DP_i = M_0 + h_i - M \tag{2-13}$$

式中，DP_i 为第 i 点的田间深层渗漏量，mm；M_0 为土壤初始含水量，mm；h_i 为第 i 点的田间灌水深度，mm；M 为田间持水量，mm。

$$M_0 = 0.1\gamma H\beta_0 \tag{2-14}$$

$$M_1 = 0.1\gamma H\beta_1 \tag{2-15}$$

式中，β_0、β_1 分别为土壤初始含水率和田间持水率，%；γ 为土壤容重，$10^3 \, \text{kg/m}^3$；H 为计划湿润层深度，m。

$$DP_i = h_i - 0.1\gamma H(\beta_1 - \beta_0) \tag{2-16}$$

当田间深层渗漏 $DP_i = 0$ 时，就得到了设计灌水定额：

$$h_{设} = 0.1\gamma H(\beta_1 - \beta_0) \tag{2-17}$$

若某段时间 A 灌区田间平均渗漏损失为 $\overline{DP}$，则该段时间田间深层渗漏损失量为

$$Q_{DP} = 10 \times M \times \overline{DP} \tag{2-18}$$

式中，Q_{DP} 为田间深层渗漏损失量，m^3。

4. 输水渠道渗漏损失

渠道在通水初期，渗漏损失增加较快；随着地下水补充量增多，地下水位逐渐抬升，受到地下水的顶托作用，渠道渗漏逐渐进入稳定渗漏阶段，可以通过实测单位渠长的日渗漏量（Pognant et al.，2013），则渠道日渗漏损失量（白美健等，2003）为

$$Q_s = q_s \times L_s \tag{2-19}$$

式中，Q_s 为渠道日渗漏损失量，m^3；L_s 为渠道长度，m；q_s 为单位渠长的日渗漏量，$\text{m}^3/(\text{d} \times \text{m})$。

q_s 用下式计算：

$$q_s = \beta K(b + 2\gamma h\sqrt{1+m^2}) \tag{2-20}$$

式中，K 为渠床的土壤渗透系数，m/d；b 为渠底宽度，m；h 为渠道水深，m；γ 为渠坡侧向的毛管渗吸系数，一般取值为 $1.1 \sim 1.4$；β 为地下水的顶托修正系数，当自由渗漏时，$\beta = 1$；当顶托渗漏时，β 为

$$\beta = 1 - \frac{h_0}{H_0 + h} \qquad (2\text{-}21)$$

式中，h_0 为第 t 时渠底中心处地下水位的上升高度，m；H_0 为地下水的初始水位，m。

根据徐建中等（2004）研究人民胜利渠成果，渗水损失、漏水损失和蒸发损失分别占到输水损失的 81%、17%、2%。在工程实践中，输水渠道渗漏损失常采用《灌溉与排水工程设计规范（GB50288—99）》计算，相应的参数也根据该规范查表得到。

5. 输水渠道蒸发损失

输水渠道蒸发损失远小于渗漏损失，其大小与气象条件、渠道平均水面面积密切相关。输水渠道的日水面蒸发损失量（张祎等，2000）为

$$Q_z = E_0 \times F \qquad (2\text{-}22)$$

式中，Q_z 为输水渠道的日水面蒸发损失量，m^3；E_0 为渠道日水面蒸发量，m；F 为渠道日平均水面面积，m^2。

由于水面蒸发与实际蒸发量有差异，二者关系为

$$Q_{zs} = \alpha Q_z = \alpha E_0 \times F \qquad (2\text{-}23)$$

式中，α 为水分蒸发系数，在工程实践中，一般取 $\alpha = 0.6 \sim 0.7$。

6. 最小耗水量

在灌区农业耗水中，农作物真正消耗掉的水分就是 ET_c，而田间深层渗漏、渠道渗漏损失和渠道蒸发损失并没有被作物消耗，是农业生产中的无效耗水。田间深层渗漏、渠道渗漏损失则转化为了地下水资源，这部分水在一定时间内仍然保留在灌域范围内；当地下水水质达到《农田灌溉水质标准（GB5084—2005）》，可以打井取水，用于农田灌溉；当地下水水质达不到《农田灌溉水质标准（GB5084—2005）》，不能再作为农田灌溉水源，只能变更用途。渠道蒸发损失转化为大气水，这部分水参与大气环流作用，再次转换为降水，但降落在灌域范围的可能性不大。

在 ET_c 中，包括作物蒸腾量和植株间土壤蒸发量两部分，对作物生长发育起作用的是作物蒸腾量，植株间土壤蒸发量对作物生长发育不起作用，这部分也属于无效耗水。ET_c 是在不缺水的条件下计算的，根据作物水分生产函

数,第一个拐点的水分生产率最大,第二个拐点作物单产最高;第一个拐点处用水量为作物经济需水量,第二个拐点用水量就是 ET_c,可以在第一个拐点和第二个拐点之间找到一个理想点,这个点水分生产率接近第一个拐点,作物单产接近第二个拐点,这个点的用水量 $Q_{理}$ 可以作为作物生长发育的理想耗水量(霍再林等,2004)。

在灌区农业耗水中,田间深层渗漏可以通过合理确定灌水量和灌水均匀度,减少田间深层渗漏损失;输水渠道渗漏损失可以通过渠道防渗处理减小,在井灌区也可通过改变输水方式,比如将输水方式由渠道输水改变为管道输水,避免输水渗漏损失的发生。在井灌区可以通过将输水方式改变为管道输水,避免输水蒸发损失;在渠灌区,输水蒸发损失是不可避免的。田间植株间土壤蒸发损失可以通过覆膜等田间节水措施减小。因此,灌区最小耗水量为

在渠灌区

$$Q_{min} = Q_{理} + Q_{zs} + Q_{s防渗} + Q_{DPmin} \qquad (2-24)$$

在井灌区:

$$Q_{min} = Q_{理} + Q_{DPmin} \qquad (2-25)$$

式中, Q_{min} 为灌区最小耗水量,m³; $Q_{理}$ 为灌区作物生长发育的理想耗水量,m³; $Q_{s防渗}$ 为渠道防渗处理后的渗漏量,m³; Q_{DPmin} 为田间深层渗漏损失量,m³。

2.1.3　灌区农业用水及水量平衡分析

1. 农业经济用水量

2007 年,吴普特等(2007)提出农业经济用水量的概念和内涵。对于灌区而言,就是综合考虑灌区社会经济发展水平、农业灌溉技术水平和保障未来粮食安全的基础上,兼顾生态、社会和经济效益等综合效益最大时所需要用水量。农业经济用水量包括以下几个方面的涵义:

(1)必须保障粮食安全。灌区作为粮食主产区,除了保证灌区内居民的粮食需求,还应输出一定量的商品粮;若灌区内居民粮食需求量 L_1 kg,输出商品粮为 L_2 kg,经济作物和饲料作物转换为粮食产量 L_3 kg,则农业经济用水量:

$$Q_e = (L_1 + L_2 + L_3)/W_p \qquad (2-26)$$

式中，Q_e 为农业经济用水量，m^3；W_p 为水分生产率，kg/m^3。

（2）农业经济用水量大于理想农业用水量，理想农业用水量为

$$Q_L = Q - Q_w \tag{2-27}$$

$$Q > Q_e > Q_L \tag{2-28}$$

式中，Q_L 为理想用水量，m^3；Q_w 为无效用水量，m^3。

（3）生态、社会和经济效益等综合效益最大，即

$$f_{\max} = \sum_{i=1}^{3} f_i \tag{2-29}$$

式中，$f_{\max}$ 为综合效益最大化函数；$f_i(i=1,2,3)$ 为生态、社会和经济效益函数。

（4）农业经济用水量不是个定值，而是个变值，是随着社会经济发展水平的提高和现代农业节水技术的发展及应用，而不断减小的动变量。

2. 水量平衡分析

灌区农业供水一方面要满足灌区农业耗水需求，另一方面还要压盐、地下水调控等生态环境用水（杨龙和高占义，2005），还有一部分流入到灌区附近的河流、湖泊和洼地，这一部分水称作回归水，灌区农业用水为

$$Q_用 = Q_耗 + Q_生 + Q_回归 \tag{2-30}$$

式中，$Q_用$ 为灌区农业用水量，m^3；$Q_耗$ 为灌区农业耗水量，m^3；$Q_生$ 为灌区生态环境用水量，m^3；$Q_回归$ 为灌区回归水量，m^3。

根据水量平衡原理，灌区农业用水量和农业供水量相等，即

$$\begin{aligned} Q_用 = Q_供 &= Q_1 + Q_2 \\ &= WF_蓝 + WF_绿 \end{aligned} \tag{2-31}$$

2.2　概念、内涵及理论框架体系

2.2.1　概念及内涵

1. 概念

灌区农业节水潜力就是在某一特定历史发展阶段，采用某些农业节水措

施,采取切实可行农业管理措施,提高水分利用效率和水分生产率,从而可能节约的农业生产水足迹。

2. 内涵

灌区农业节水潜力内涵包含以下几个方面:

(1)在保证灌区农作物种植面积不萎缩、农产品产出总量不变或适当增加的基础上,实施节水技术措施和农田管理措施,减少的灌区耗水量或农业生产水足迹;

(2)提高灌区的水分利用效率和水分生产率,增加单位水量的干物质产量和粮食产量,而节约的灌区耗水量或农业生产水足迹。

3. 影响因素分析

影响灌区农业节水潜力的因素众多,潜力的大小与农业节水技术水平、节水技术的推广与应用、种植结构、水土资源匹配、社会经济发展水平和政府的农业政策等因素密切关联。

(1)农业节水技术水平是农业节水的基础。农业节水技术随着农业节水理论不断突破而取得进步,在不同的历史发展阶段,农业节水技术水平有较大差异,农民对节水技术的接受程度也不同,节水工程措施和管理措施在数量和质量上皆有不同,农田的灌溉用水量和输水方式也有较大差异,因此农业节水潜力的大小差异性也较大。不同的节水技术其节水能力也有较大差异,根据《内蒙古行业用水定额标准(DB15/T385—2003)》可知,在河套灌区春小麦低压管灌的用水定额为 4400m³/hm²,比地面灌节水 500m³/hm²;喷灌用水定额为 4000m³/hm²,比地面灌节水 900m³/hm²。

(2)节水技术的推广与应用是节水措施能否实施的关键。每一项节水技术都有适应范围和条件,在适用范围内农民能否接受该项技术,是该项节水技术能否实施的关键。西华县是河南省第一批(2009～2011 年)和第五批(2013～2015 年)的小型农田水利重点县,在 2009～2011 年建设期共建设喷灌面积 1.26 万亩,由于西华县土地流转量小,种田大户少,农民不接受固定式喷灌这种节水灌溉方式,固定式喷灌管道的支墩还影响农民耕作,到 2013 年田间的固定式喷灌设施基本上都被农民改作低压管灌。在 2013～2015 年建设规划时,全部取消固定式喷灌,节水灌溉方式以低压管灌和半固定式喷灌为主,安排低压管灌 5.64 万亩、半固定喷灌 3.66 万亩。

(3)种植结构调整就是在不影响粮食安全的基础上,优化农作物种植品种及结构,合理匹配灌区的资金、人力和水土资源,提高作物水分利用率,达到节水和提高经济效益的目的。种植结构调整可以在不增加节水设施的条件下增加节水潜力,具有投资少、宜被农民接受、受益面宽等优点。种植结构受到农业技术水平、社会经济发展水平、市场需求和资金投入等的影响,是经济、社会和生态环境等效益最大化的集中体现。

(4)水土资源是灌区基础性资源,灌区的社会经济和发展前景受到水土资源的质量、数量及其组合状态的影响,水土资源承载力体现了这种影响,已经成为灌区社会经济发展的关键和焦点。采取措施纠正水土资源不匹配造成的灌区无效耗水量,可以增加灌区的节水能力,因此,灌区农业节水潜力是在水土资源匹配基础上的潜力。

(5)社会经济发展为灌区高效节水技术和节水措施应用提供了社会基础,社会经济发展水平决定着灌区农业节水潜力的大小。在社会经济发展水平提高后,人们饮食习惯、膳食结构发生着巨大改变,加快了种植结构调整;灌区居民生活用水随之增加,挤占了农业用水,迫使灌区增加节水设施;城镇化加速,大量农村居民进入城市,减小了灌区的环境压力;土地流转加速推进,种田大户增多,对农田水利设施投入增加,为高效节水技术和设施的推广应用提供了广阔空间。

(6)农业政策。国家高度重视"三农"问题,始终关注农业的基础性地位,从 2004 年到 2014 年,中央 1 号文件是以农业和涉农为主题,高度关注农村发展、农业振兴和农民增收,特别是 2011 年的中央 1 号文件《中共中央国务院关于加快水利改革发展的决定》,提出要增加中央、地方资金投入,加快农田水利建设,普及高效节水农业技术,提高灌溉水利用率。随着这些政策的推出,为农业节水提供了政策支撑和资金支持,有力保证了灌区节水农业发展。

2.2.2　灌区农业生产水足迹

1. 概念

灌区农业生产水足迹是指在一个农业生产周期内,在现有农业生产技术水平、节水措施和管理水平条件下,为满足灌区农业生产需要,所消耗的水资源总量。

根据水足迹的组成,又将农业生产水足迹分为农业生产蓝水足迹、农业生产绿水足迹和农业生产灰水足迹。农业生产蓝水足迹就是指在一个农业生产周期内,在现有农业生产技术水平、节水措施和管理水平条件下,为满足灌区农业生产需要,所消耗的蓝水资源总量。农业生产绿水足迹就是指在一个农业生产周期内,在现有农业生产技术水平、节水措施和管理水平条件下,为满足灌区农业生产需要,所消耗的绿水资源总量。农业生产灰水足迹就是在一个农业生产周期内,把灌区新增污染物,稀释到环境临界浓度所需要的水资源量。

灌区主要种植粮食作物、经济作物和饲料作物,也养殖牛马等大牲畜、猪羊等小牲畜和鸡鸭等家禽,也就是种植业和养殖业,它们是灌区农业生产的主要组成部分。从用水角度出发,灌区种植业用水量远大于其他用水量。以陆浑水库为例,陆浑水库 2000～2008 年平均年供水量 15047 万 m^3,其中灌溉供水 12895 万 m^3,占总供水量的 85.7%;工业供水 1687 万 m^3,占总供水量的 11.2%;城市生活供水 465 万 m^3,占总供水量的 3.1%。因此,从灌区农业生产角度出发,派生出了粮食生产水足迹。粮食生产水足迹就是生产单位粮食所用的农业生产水足迹。

2. 内涵

灌区农业生产水足迹的内涵包括以下内容:

(1)指在一个生产周期内所消耗的农业水资源量,同一作物在不同地区种植,由于生育期不同,农业生产水足迹也不同;

(2)在现有的农业生产技术水平、节水措施和管理水平条件下所消耗的水资源量。同一地区不同区域种植同一作物,由于农业生产技术水平、节水措施和管理水平的差异,农业生产水足迹也有差异;

(3)在保障灌区农业生产正常开展,不减少灌溉面积和农产品的产出,不调整种植结果、不增加投资的基础上,所消耗的农业水资源量。

3. 影响因素分析

影响灌区农业生产水足迹的因素众多,主要受到作物生育期、现有的节水设施及其技术水平的影响。

(1)作物的生育期影响了农业生产水足迹的大小。不同地区同一作物的生育期不同,在河南南部的冬小麦 10 月下旬种植,发芽期在 10 月底,分蘖期在 11 月中旬,拔节期在 4 月初,杨花期在 5 月上旬,灌浆和成熟期在 5 月下旬,6 月初收割;河南北部种植时间比南部早 10 天左右,收割期比南部晚 5 天左右。作物生产周期不同,农业生产水足迹也不同。邓州市属南阳市,地形以平原为主,多年平均降水量为 718.7mm。永城市属商丘市,地形以平原为主,多年平均降水量为 780mm。两地都以旱作为主,主要种植小麦和玉米。多年平均有效降水量邓州市为 539mm、永城市为 585mm。邓州市有效灌溉面积 10.8 万 hm²,其中旱保田面积 4.38 万 hm²、节水灌溉面积 5.45 万 hm²。永城市有效灌溉面积 10.9 万 hm²,其中节水灌溉面积 0.78 万 hm²。每公顷有效灌溉面积农业生产绿水足迹:邓州市为 5390m³、永城市为 5850m³。2011 年每公顷有效灌溉面积农业生产蓝水足迹:邓州市为 816.67m³、永城市为 810.46m³。如果忽略农业生产灰水足迹,则每公顷农业生产水足迹:邓州市为 6206.67m³、永城市为 6660.46m³,永城市比邓州市多 453.79m³,这个差异值就体现了作物生育期对农业生产水足迹的影响。

(2) 现有的节水设施及其技术水平决定着农业生产水足迹的大小。南阳市卧龙区和镇平县的气候、水土资源条件、种植结构和农民的种植习惯基本一致,可以认为亩均农业生产绿水足迹和农业生产灰水足迹基本相同。2011 年卧龙区设计灌溉面积 76.72 万亩,有效灌溉面积 47.96 万亩。节水灌溉面积 11.77 万亩,高效节水灌溉面积 8.84 万亩;其中渠灌区修筑防渗渠道 57.52km,控制面积 2.93 万亩;井灌区埋设输水管道 530km,控制面积 8.84 万亩;在高效节水灌溉面积中,低压管道输水灌溉面积 7.58 万亩,半固定喷灌面积 0.98 万亩,微灌面积 0.28 万亩。卧龙区农业生产蓝水足迹 12025 万 m³,有效灌溉面积亩均农业生产蓝水足迹 250.73m³。2012 年镇平县灌溉面积 50.75 万亩,有效灌溉面积 30.16 万亩,其中节水灌溉面积 8.13 万亩,高效节水灌溉面积 1.1 万亩。镇平县农业生产蓝水足迹 9400 万 m³,有效灌溉面积亩均农业生产蓝水足迹 311.67m³。卧龙区有效灌溉面积亩均农业生产蓝水足迹比镇平县少 60.94m³,这个蓝水水足迹差异就体现了现有的节水设施及其技术水平对农业生产水足迹的影响。

2.2.3　理论框架体系

1. 逻辑起点

逻辑起点是灌区农业节水潜力理论的起始点(余炳文和姜云鹏,2013),其形式通常表现为起始概念。逻辑起点需满足 4 个基本条件:①有清晰、准确的概念和物理涵义;②构成了灌区农业节水潜力最直接和基本的理论要素;③其内涵始终贯穿于灌区农业节水潜力理论发展过程;④其范畴对形成系统的灌区农业节水潜力理论体系有重要的促进作用。构建灌区农业节水潜力理论的逻辑起点,必须把握农业节水潜力的本质,结合农业节水理论,在定性基础上确定逻辑起点。农业节水的核心问题是作物需水量,因此,以作物需水量作为逻辑起点符合灌区农业节水潜力的特征。农业节水无论其技术水平高低、节水措施多少,都必须在保证作物生理需要基础上提高农作物产量和水分利用率。

2. 要素及其相关性分析

灌区农业节水潜力的要素是其理论体系基本组成元素,要构建灌区农业节水潜力理论体系,首先要明确其组成元素有哪些,再界定元素间内在的逻辑关系,构建潜力计算理论框架。灌区农业节水潜力的要素有研究区域、研究目的、研究对象、基准年、计算理论、计算方法、计算流程和计算结果,共 8 部分,它们间层次关系见图 2-1。

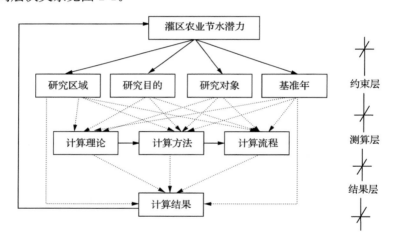

图 2-1　灌区农业节水潜力要素层次关系图

在确定研究灌区农业节水潜力后,为了量化灌区农业节水潜力,首先需要选择典型区作为研究区域,明确研究目的即需要解决的科学问题,需要明晰研究对象是水资源、广义水资源还是水足迹,是节水技术还节水措施,或者是其中一项或几项;研究的基准年是指在什么丰枯年份研究该潜力,是在一般丰水年($P=25\%$)、平水年($P=50\%$)、一般干旱年($P=75\%$)或特殊干旱年($P=95\%$),还是研究其中的几项;在此基础上选择计算理论,根据计算理论选择计算方法,根据计算方法选择计算流程;最后得到的计算结果就是灌区农业节水潜力。

3. 构建理论框架

理论框架包含了农业节水潜力研究的最基本理论要素和概念,这些要素和概念界定了农业节水潜力研究的范围、对象和功能,且按照内在逻辑关系组成严密的体系,用于指导实践层面的规划或农业政策的制定。这个概念框架具有逻辑起点和自组织功能,由四个层次构成,见图 2-2。

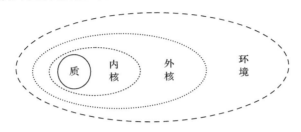

图 2-2　灌区农业节水潜力理论框架层次图

(1) 质。质就是灌区农业节水潜力的逻辑起点,将作物需水量作为农业节水潜力的逻辑起点,是因为作物需水量既是计算灌区农业耗水的起点,也是计算灌区农业用水的起点,同时又是确定灌区供水量的起点,符合灌区农业水资源转换的基本规律。通过作物需水量可以确定经济需水量和农业经济用水量。

(2) 内核。内核由研究区域、研究目的、研究对象、水平年、计算理论、计算方法、计算流程和计算结果 8 部分组成,构成了灌区农业节水潜力研究的基本内容和范围,其层次关系见图 2-1。

(3) 外核。外核是对灌区农业节水潜力计算过程和结构起着间接作用的要素。包括相关的国家法律、规范、导则和农业节水规划,也包括农业节水技术、措施和农民的节水意识、对节水技术的认识程度及对节水设施的接受、喜爱程度等。

(4) 环境。环境因素主要指对灌区农业节水节水行为和潜力的计算结果产生影响的外部因素,包括文化环境、制度环境、技术环境和经济环境。文化环境包括农民的饮食结构、膳食习惯、水文化传统、种植习惯及灌区的社会结构、风俗习惯、人口规模、结构及空间分布等,对灌区农业节水潜力的影响更多表现为间接及渐进式的,属于大视角因素。制度环境是指法律、法规及政府文件形成的环境。2004~2014 年的中央 1 号文件都是涉农的,每份文件总有几条涉及到农村水利建设和农业节水,对中国农村水利建设有很大的促进作用,形成了很好的制度环境。技术环境是指其他学科或领域出现的新理论、新技术或新方法,促进农业节水的理论、方法和技术创新,这种促进作用多表现为间接作用。经济环境主要指构成灌区社会经济发展的经济状况和政府经济政策,多表现为经济周期、经济社会发展水平和农业经济政策,间接作用于农业节水。

2.3　灌区农业节水潜力计算模型

2.3.1　建模

1. 计算模型

根据灌区农业节水潜力的概念和内涵,其实质就是可能节约的农业生产水足迹,或者可以说是农业生产水足迹的节约量。若将灌区农业生产必须消耗的水足迹定义为农业生产水足迹控制标准,这个值是保证灌区农业生产正常进行、不减少作物种植面积和农产品产出的水足迹最小值。则农业节水潜力的计算模型如下

$$Q_{节} = WF_a - WF_b \qquad (2-32)$$

式中,$Q_{节}$为农业节水潜力,m^3;WF_a为农业生产水足迹,m^3;WF_b为农业生产水足迹控制标准,m^3。

2. 边界条件

(1)时间边界:以作物生育周期为模型的时间边界;

(2)空间边界:以灌区的有效灌溉面积为模型的空间边界;

(3)资源边界:以灌区灌域内耕地数量作为模型的土地资源边界,以灌区内所有能够用于灌区农业生产及灌区外引水量之和作为模型的水资源边界;

(4)技术边界:农业生产水足迹的计算以现有的农业生产技术水平、节水措施和管理水平条件为技术边界,农业生产水足迹控制标准的计算以可能采用的节水措施、节水技术为技术边界;

(5)基准年边界:设置2个基准水文年,分别为平水年($P=50\%$)和一般干旱年($P=75\%$);

(6)管理边界:种植结构调整的比例以已有统计资料为依据,作物种植品种以现有或历史上曾经种植过的作物品种为依据,农业产业政策以现有且正

在实施的农业政策为准,经济发展水平以现在经济发展水平为基础,以国内其他灌区经济发展水平为参考。

3. 计算流程

以作物需水量为逻辑起点,以灌区农业生产为出发点,推算出农业经济用水量和农业生产带来负面效应即面源污染和盐渍化等,求出灌区农业生产灰水足迹;以作物需水量为逻辑起点,结合水分生产函数,推算出经济需水量;结合灌区灌溉、降水,推算出灌区农业生产蓝水足迹、绿水足迹,进而计算出农业生产水足迹;将农业经济用水量和经济需水量相结合,推算出农业生产水足迹控制标准,计算灌区农业节水潜力。流程图见图 2-3。

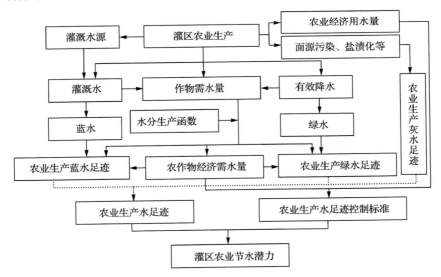

图 2-3　农业节水潜力计算流程图

2.3.2　农业生产水足迹计算方法

1. 农业生产蓝水足迹

根据农业生产蓝水足迹的概念,在数量上农业生产蓝水足迹等于田间消耗的蓝水与输水无效损失之和。田间作物消耗的蓝水为

$$WF_{Fb} = \lambda \times ET_c - WF_{FG} \tag{2-33}$$

式中，WF_{Fb} 田间作物消耗的蓝水，mm；λ 为非充分供水系数，$\lambda \leqslant 1$；ET_c 为作物需水量，mm；WF_{FG} 为田间作物消耗的绿水足迹，mm。

灌区田间作物消耗的蓝水总量为

$$WF_b = 10 \times WF_{Fb} \times F \qquad (2\text{-}34)$$

式中，WF_b 为灌区田间作物消耗的蓝水总量，m³；F 为灌区有效灌溉面积，hm²。

农业生产蓝水足迹为

$$WF_{\text{blue}} = WF_b + Q_{DPb} + Q_S + Q_z \qquad (2\text{-}35)$$

式中，WF_{blue} 为农业生产蓝水足迹，m³；Q_{DPb} 为田间蓝水的深层渗漏量，m³；Q_S 为渠道渗漏损失量，m³；Q_z 为输水渠道的日水面蒸发损失量，m³。

当灌区地下水能够满足《农田灌溉水质标准（GB 5084—2005）》，就认为田间蓝水的深层渗漏和渠道渗漏损失为回归水，能够在后续的农业生产中使用，则 $Q_{DPb} = 0$，$Q_S = 0$。

2. 农业生产绿水足迹

农业生产绿水足迹按照有效降水量计算：

$$WF_{\text{green}} = 10 \times P_e \times F \qquad (2\text{-}36)$$

式中，WF_{green} 为农业生产绿水足迹，m³；P_e 为作物生育期有效降水总量，mm。

3. 农业生产灰水足迹

灰水足迹指稀释作物生育期内污染物需要的水量，量化为将污染物稀释到一定的程度使周围水体环境质量保持在约定标准之上需要的水的体积。农业生产灰水足迹计算方法如下：

$$WF_{\text{grey}}^i = \frac{Q_p^i}{C_m^i - C_n^i} \qquad i = 1, 2, \cdots, n \qquad (2\text{-}37)$$

$$WF_{\text{grey}} = \max\left[WF_{\text{grey}}^1, WF_{\text{grey}}^2, \cdots, WF_{\text{grey}}^n\right] \qquad (2\text{-}38)$$

式中，WF_{grey}^i 为第 i 种污染物的灰水足迹，m³；Q_p^i 为第 i 种污染物的量，kg；C_m^i 为第 i 种污染源环境允许最大浓度，m³/kg；C_n^i 为第 i 种污染源环境中的本底浓度，m³/kg。

4. 农业生产水足迹

农业生产水足迹包括农业生产蓝水足迹、农业生产绿水足迹和农业生产灰水足迹,故

$$WF = WF_{\text{blue}} + WF_{\text{green}} + WF_{\text{grey}} \tag{2-39}$$

式中,WF 为农业生产水足迹,m^3。

若一个作物生育期灌区粮食产量为 $N\text{kg}$,则粮食生产水足迹为

$$WF_{\text{grain}} = WF/N \tag{2-40}$$

式中,WF_{grain} 为粮食生产水足迹,m^3/kg。

2.3.3　农业生产水足迹控制标准

1. 概念

农业生产水足迹控制标准就是在保证灌区农业生产正常进行、不减少作物种植面积和农产品产出的条件下,灌区农业生产所必需的水足迹。

2. 内涵

(1) 灌区农业生产必须消耗水资源量,如果减少这种消耗必然以减产或减少灌溉面积为代价;

(2) 灌区农业生产消耗水资源量的极小值,是必须和缺一不可的;

(3) 不仅和灌区田间作物的生理需要有关,也受到灌区生产力发展水平的影响;

(4) 农业生产水足迹控制标准的极小值点可以通过水分生产函数求出,仅与作物的生理需要有关,与节水技术和节水设施等其他因素无关,极小值点就是作物经济需水量;

(5) 农业生产水足迹控制标准不是一个固定的值,而是个变值,有阈值区间;

(6) 农业生产水足迹控制标准包括了控制标准极值点的水量和其他必不可少的水资源消耗量。

3. 确定方法

根据农业生产水足迹控制标准概念和内涵可知:

（1）农业生产水足迹控制标准的极小值是作物经济需水量，故

$$Q_{csd} \geqslant Q_{ewd} \tag{2-41}$$

式中，Q_{csd} 为单位面积农业生产水足迹控制标准，mm；Q_{ewd} 为作物经济需水量，mm。

灌区的作物经济需水总量为

$$Q_{ew} = 10 \times Q_{ewd} \times F \tag{2-42}$$

式中，Q_{ew} 为灌区的作物经济需水总量，m³；F 为灌区有效灌溉面积，hm²。

灌区农业生产水足迹控制标准为

$$Q_{cs} = 10 \times Q_{csd} \times F \tag{2-43}$$

式中，Q_{cs} 为灌区农业生产水足迹控制标准，m³。

（2）农业生产水足迹控制标准的极大值应该是农业经济用水量，故

$$Q_{cs} \leqslant Q_{Aed} \tag{2-44}$$

式中，Q_{Aed} 为农业经济用水量，m³。

（3）农业经济用水量体现了以产定水时的最小农业用水量，而作物经济需水量则体现了以水定产的最小农业需水量，因此，农业生产水足迹控制标准的阈值区间为 $[Q_{ew}, Q_{Aed}]$。

第3章　河套灌区农业生产水足迹计算与分析

本章在分析河套灌区水文、气象和水土资源情况的基础上,计算各作物生育期的有效降水量和农业生产绿水足迹;以作物需水量为逻辑起点,研究河套灌区的农业生产蓝水足迹;评价粮食生产灰水足迹,计算农业生产绿水足迹、蓝水足迹和灰水足迹,得到农业生产水足迹;并利用协同论研究河套灌区农业生产水足迹系统演化特征。

3.1　河套灌区概况

内蒙古河套灌区位于内蒙古自治区西部,地理坐标为 40°19′-41°18′N,109°26′-112°06′E,南临鄂尔多斯高原北缘的陡坎,北接阴山山脉西段狼山山麓,东起乌拉山西端西山嘴,西至阿拉善高原东缘的乌兰布和沙漠,南北宽达 50km,东西长约 250km,平均海拔高度为 1050m。河套灌区是中国最大的一首制灌区,也是中国三大灌区之一。灌区总土地面积 119 万 hm²,设计灌溉面积 73 万 hm²,属于没有灌溉就没有农业的灌区。

3.1.1　水文及气象

1. 降水

根据河套灌区 1960～2008 年的降水资料,降水量年际变化大,1995 年降水量最大,为 242.8mm;1965 年降水量最小,为 63.9mm。不同系列降水资料均值不同,降水量均值 1960～2000 年为 160.5mm、1960～2008 年为 166.2mm、1980～2008 年为 171.11mm、1990～2008 年为 175.42mm。降水量在 1990 年后呈增加趋势,从均值上看,1990～2008 年比 1960～2008 年多 9.22mm。取 Cv=0.39,Cs/Cv=3,根据 P—Ⅲ型曲线计算可得:$P=50\%$时降水量为 150.93mm,$P=75\%$时降水量为 116.32mm,$P=95\%$时降水量为 83.29mm。根据计算结果选取 $P=50\%$ 的典型年为 1991 年、$P=75\%$ 的典型年为 1999 年、$P=95\%$ 的典型年为 2005 年,根据实测资料计算降水的年内分配,见表 3-1。

表 3-1　不同水文年降水量年内分配表

P/%	月降水量/mm											
	1月	2月	3月	4月	5月	6月	7月	8月	9月	10月	11月	12月
50	0.12	4.41	24.10	11.75	23.36	24.00	14.01	18.50	22.21	7.16	0.00	1.31
75	0.00	0.00	0.10	11.57	16.14	11.18	33.46	10.89	29.47	2.83	0.10	0.58
95	0.00	1.97	0.64	0.02	4.92	0.54	34.09	25.48	10.92	4.50	0.00	0.21

2. 蒸发

根据河套灌区 1960～2008 年蒸发量资料,蒸发量年际变化大。蒸发量最大的年份出现在 2008 年,为 2964.7mm;蒸发量最小的年份出现在 2003 年,为 2010.6mm。不同系列蒸发量资料均值不同,蒸发量均值 1960～2008 年为 2231.9mm、1980～2008 年为 2228.38mm、1990～2008 年为 2223.12mm。总体上蒸发量呈减小趋势,从均值上看,1990～2008 年比 1960～2008 年少 8.78mm。根据典型水文年的选择进行蒸发量年内分配,见表 3-2。

表 3-2　不同水文年蒸发量年内分配表

P/%	月蒸发量/mm											
	1月	2月	3月	4月	5月	6月	7月	8月	9月	10月	11月	12月
50	33.54	51.38	118.41	202.20	298.83	307.78	315.23	300.26	201.14	127.13	76.06	36.43
75	45.61	69.83	154.15	268.53	326.20	358.39	316.57	325.13	206.48	143.16	64.77	43.86
95	19.11	35.96	145.86	294.20	38.64	410.33	367.94	294.84	157.35	159.17	86.51	30.16

3. 气温

根据河套灌区 1960～2008 年年平均气温资料,年平均气温年际变化大,最高的年份出现在 1998 年,为 9.8℃;最低的年份出现在 1970 年,为 6.3℃。不同系列年平均气温资料均值不同,年平均气温均值 1960～2008 年为 8.2℃、1980～2008 年为 8.41℃、1990～2008 年为 8.54℃。总体上年平均气温呈增加趋势,从均值上看,1990～2008 年比 1960～2008 年增加 0.34℃。根据不同水文年的选择进行年平均气温年内分配,见表 3-3。

表 3-3　不同水文年年平均气温年内分配表

年份	月平均气温/℃											
	1 月	2 月	3 月	4 月	5 月	6 月	7 月	8 月	9 月	10 月	11 月	12 月
1991(50%)	−8.4	−5.7	1.5	8.3	16.2	21.4	24.7	24.3	16.4	7.6	−0.9	−6.3
1999(75%)	−8.0	−3.7	2.5	11.9	18.6	24.0	25.4	23.9	17.7	8.1	0.1	−6.2
2005(95%)	−12.4	−9.4	1.4	11.5	18.2	24.5	25.4	23.0	17.4	9.5	1.4	−10.2

4. 地下水位

河套灌区地下水的赋存、分布及富水程度不仅受地貌、地质构造、岩性、气候、水文等因素的影响,还受到人为扰动的影响。地下水的补给和排泄与灌溉密切相关,受到灌溉周期性的影响。地下水位因时因地而异,真实反映了地下水的补给、径流、排泄条件及水文地质条件之间的关系,表征着地下水动态变化特征(曹连海等,2013)。

从 1970~2008 年的地下水位资料看,河套灌区地下水位每年的 5 月到次年的 1 月,受灌溉和秋灌压盐的影响,地下水位小于 2m;每年的 2~4 月地下水位大于 2m。灌溉时期灌区多会出现积水现象,一般出现在 10 月中下旬和 11 月上旬;地下水位最小值多出现在每年的 11 月中旬,最大值多出现在每年的 3 月上旬。

从 1990~2008 年地下水水质资料看,河套灌区地下水矿化度基本处于 4g/L 左右。乌拉特灌域的地下水矿化度最大,一般小于 4.5g/L;解放闸和义长灌域次之,一般小于 3.5g/L;永济灌域又次之,地下水矿化度一般为 1.5~4g/L;乌兰布和灌域的地下水矿化度最小,一般小于 2g/L。丰水期地下水水质较好,矿化度较低;枯水期地下水水质较差,矿化度较高。

3.1.2　水土资源

1. 水资源量

河套灌区水资源主要包括引黄河水和本地的地表径流及地下水资源。根据《2001~2010 年巴彦淖尔市水资源公报》,巴彦淖尔市水资源量见表 3-4。由表 3-4 可以看出,引黄水的作用在巴彦淖尔市是举足轻重的,从 2001~2010 年资料分析,引黄水量占水资源总量的 80% 以上。河套灌区水资源主要用途是农业、工业和生活用水,工业和生活用水所占比例很小,主要是农业用水,农业用水量占水资源总量的 90％左右。

表 3-4　巴彦淖尔市水资源量表　　　　（单位：$10^8 \mathrm{m}^3$）

年份	降水资源量	地表水资源量		地下水资源量	重复计算量	水资源总量	农业用水
		引黄水	径流				
2001	106.488	44.523	0.998	22.057	15.663	51.915	49.749
2002	123.781	49.688	1.259	26.235	16.904	60.278	49.273
2003	133.281	41.011	1.115	24.536	14.685	51.987	44.115
2004	126.745	45.312	0.958	24.344	15.851	54.763	46.845
2005	51.479	49.662	0.522	22.474	17.262	55.396	49.701
2006	86.911	48.786	0.728	23.885	16.882	56.517	48.283
2007	96.945	48.114	1.131	23.285	16.563	55.967	47.447
2008	146.027	44.661	1.583	24.568	15.535	55.277	47.144
2009	57.829	52.491	0.543	23.646	18.002	58.678	51.936
2010	97.384	48.395	1.298	24.654	16.634	57.713	47.669

2. 耕地

从 1947 年到 2008 年,河套灌区的耕地面积在不断增加,1947 年仅有耕地 26.54 万 hm^2,1957 年就增加到 37.18 万 hm^2,年均增长 3.11％;1957～1985 年耕地面积逐渐萎缩,到 1985 年达到极小值 30.81 万 hm^2;1985～2010 年耕地面积增加很快,在 2010 年达到 70.14 万 hm^2,但尚未达到河套灌区的设计灌溉面积。河套平原面积大、土层厚、土壤肥沃,引黄控制面积 112 万 hm^2,河套灌区后备土地较多,只要有供水能够跟得上,灌区面积尚有扩大的空间。

3.2　农业生产绿水足迹

3.2.1　作物生育期

(1) 小麦:河套灌区春小麦一般在 3 月 20 日前后播种,20 天左右出苗,5 月份为分蘖、拔节和孕穗期,6 月 5～10 日抽穗,6 月中下旬～7 月上中旬是开花到成熟期,7 月 25 日前收割完毕。春小麦从出苗到成熟的时间大概为 4 月 10 日到 7 月 15 日,共有 95 天左右(陈正铎等,1993)。

(2) 玉米:河套灌区玉米一般在 4 月 20 日前后播种,10～15 天出苗,6 月份中旬进入拔节期,7 月份为抽雄、吐丝期,8 月份灌浆、9 月份成熟。玉米从出苗到成熟的时间大概为 5 月 5 日～9 月 20 日。

(3)葵花:河套灌区葵花一般在 5 月底播种,6 月底出苗,7 月下旬现蕾,8 月初开花,8 月下旬灌浆,9 月中下旬成熟。葵花从出苗到成熟的时间大概为 6 月 20 日～9 月 20 日。

(4)水稻:河套灌区水稻的生育期大致在 5 月 5 日～9 月 20 日,与玉米的生育期类似。

(5)夏杂粮(简称夏杂)的生育期与春小麦基本接近,秋杂粮(简称秋杂)的生育期与玉米基本接近。糜黍、高粱和谷子(由于在统计时将二者统计到一起,通称高谷)的生育期与春小麦近似。

(6)瓜类、甜菜、蔬菜、番茄和油料的生育期与玉米近似。

3.2.2 有效降水量

根据有效降水量的计算方法,计算河套灌区主要农作物生育期的有效降水。

(1)在平水年($P=50\%$)水平年时,各作物生育期有效降水量见表 3-5。

(2)在一般干旱年($P=75\%$)水平年时,各作物生育期有效降水量见表 3-6。

(3)在特殊干旱年($P=95\%$)水平年时,各作物生育期有效降水量见表 3-7。

表 3-5 $P=50\%$时作物生育期有效降水量

作物	月有效降水量/mm							
	3 月	4 月	5 月	6 月	7 月	8 月	9 月	合计
小麦	7.72	11.53	22.49	23.08	9.13	0	0	73.95
玉米	0	3.84	22.49	23.08	13.70	17.95	14.28	95.34
葵花	0	0	7.50	23.08	13.70	17.95	14.28	76.51
水稻	0	0	15.0	23.08	13.70	17.95	14.28	84.01
夏杂粮	7.72	11.53	22.49	23.08	9.13	0	0	73.95
秋杂粮	0	3.84	22.49	23.08	13.70	17.95	14.28	95.34
糜黍	7.72	11.53	22.49	23.08	9.13	0	0	73.95
高谷	7.72	11.53	22.49	23.08	9.13	0	0	73.95
瓜类	0	3.84	22.49	23.08	13.70	17.95	14.28	95.34

作物	月有效降水量/mm							
	3月	4月	5月	6月	7月	8月	9月	合计
甜菜	0	3.84	22.49	23.08	13.70	17.95	14.28	95.34
番茄	0	3.84	22.49	23.08	13.70	17.95	14.28	95.34
油料	0	3.84	22.49	23.08	13.70	17.95	14.28	95.34
蔬菜	0	3.84	22.49	23.08	13.70	17.95	14.28	95.43
牧草	7.72	11.53	22.49	23.08	13.70	17.95	14.28	110.75

表 3-6 $P=75\%$ 时年作物生育期有效降水量

作物	月有效降水量/mm							
	3月	4月	5月	6月	7月	8月	9月	合计
小麦	0.03	11.53	15.72	10.98	21.11	0	0	59.37
玉米	0	3.84	15.72	10.98	31.67	10.7	18.72	91.63
葵花	0	0	5.24	10.98	31.67	10.7	18.72	77.31
水稻	0	0	10.48	10.98	31.67	10.7	18.72	82.55
夏杂粮	0.03	11.53	15.72	10.98	21.11	0	0	59.37
秋杂粮	0	3.84	15.72	10.98	31.67	10.7	18.72	91.63
糜黍	0.03	11.53	15.72	10.98	21.11	0	0	59.37
高谷	0.03	11.53	15.72	10.98	21.11	0	0	59.37
瓜类	0	3.84	15.72	10.98	31.67	10.7	18.72	91.63
甜菜	0	3.84	15.72	10.98	31.67	10.7	18.72	91.63
番茄	0	3.84	15.72	10.98	31.67	10.7	18.72	91.63
油料	0	3.84	15.72	10.98	31.67	10.7	18.72	91.63
蔬菜	0	3.84	15.72	10.98	31.67	10.7	18.72	91.63
牧草	0.03	11.53	15.72	10.98	31.67	10.7	18.72	99.35

表 3-7 $P=95\%$ 时作物生育期有效降水量

作物	月有效降水量/mm							
	3月	4月	5月	6月	7月	8月	9月	合计
小麦	0.21	0.02	4.88	0.54	21.46	0	0	27.11
玉米	0	0.01	4.88	0.54	32.19	24.44	7.15	69.21
葵花	0	0	1.63	0.54	32.19	24.44	7.15	65.95
水稻	0	0	3.25	0.54	32.19	24.44	7.15	67.57

作物	月有效降水量/mm							
	3 月	4 月	5 月	6 月	7 月	8 月	9 月	合计
夏杂粮	0.21	0.02	4.88	0.54	21.46	0	0	27.11
秋杂粮	0	0.01	4.88	0.54	32.19	24.44	7.15	69.21
糜黍	0.21	0.02	4.88	0.54	21.46	0	0	27.11
高谷	0.21	0.02	4.88	0.54	21.46	0	0	27.11
瓜类	0	0.01	4.88	0.54	32.19	24.44	7.15	69.21
甜菜	0	0.01	4.88	0.54	32.19	24.44	7.15	69.21
番茄	0	0.01	4.88	0.54	32.19	24.44	7.15	69.21
油料	0	0.01	4.88	0.54	32.19	24.44	7.15	69.21
蔬菜	0	0.01	4.88	0.54	32.19	24.44	7.15	69.21
牧草	0.21	0.02	4.88	0.54	32.19	24.44	7.15	69.43

3.2.3　绿水足迹

为了说明问题和计算方便,这里仅以各作物种植 1hm² 为基础进行计算。在实践中,若知道某作物 1hm² 的绿水足迹,又知道该作物的实际种植面积,就可以得到该作物的绿水足迹。根据前面绿水足迹的计算方法,计算各作物种植 1hm² 的绿水足迹,见表 3-8。

表 3-8　各作物种植 1hm² 的绿水足迹　　　　　（单位:m³）

P/%	小麦	玉米	葵花	夏杂	秋杂	瓜类	甜菜	番茄	油料	蔬菜	牧草
50	739.5	953.4	765.1	739.5	953.4	953.4	953.4	953.4	953.4	953.4	1107.5
75	593.7	916.3	773.1	593.7	916.3	916.3	916.3	916.3	916.3	916.3	993.5
95	271.1	692.1	659.5	271.1	692.1	692.1	692.1	692.1	692.1	692.1	694.3

3.3　农业生产蓝水足迹

3.3.1　作物需水量

1. 春小麦

根据王伦平等(1993)研究成果,春小麦需水强度:坑测值为 1.92～

6.795mm/d、田测值为 1.56～7.245mm/d,需水强度的峰值出现在抽穗-乳熟阶段,即为 6 月下旬或 7 月上旬。春小麦全生育期的需水量:坑测值为 445.66mm、田测值为 461.00mm,K_c＝0.95～0.98;颗间蒸发量为 155.25～177.9mm。根据磴口试验站资料(戴佳信等,2011),套种模式下小麦作物需水量为 475.31mm。根据临河试验站资料,小麦多年平均作物需水量为 492.4mm,K_c＝0.82,ET_0＝602.1mm(中国主要农作物需水量等值线图协作组,1993)。

2. 玉米

根据临河试验站资料,玉米多年平均作物需水量为 527.4mm,K_c＝0.72,ET_0＝728.4mm;根据杭锦旗试验站资料,玉米多年平均作物需水量为 572.7mm,K_c＝0.72,ET_0＝748.7mm(中国主要农作物需水量等值线图协作组,1993)。玉米需水强度为 1.97～7.50mm/d,需水强度的峰值出现在抽雄-吐丝阶段,为 7 月下旬。根据刘布春的研究成果(2007),由于气候变化,临河玉米的最大需水量下降趋势显著,年均减少 2.38mm。

3. 葵花及其他作物

葵花作为河套灌区主要的经济作物,其生育期大约在 90 天左右。戴佳信(2006)根据磴口试验站资料得到,K_c＝0.63,葵花生育期平均需水强度为 3.05mm/d,需水强度的峰值出现在开花-灌浆期,时间大约在 8 月上旬到中旬。葵花和小麦套种模式下,葵花的作物需水量为 406.86mm(胡志桥等,2011)。

傅国斌等(2003)根据文献查得,河套灌区的作物需水量:葵花为 521mm,夏杂为 390.7mm,秋杂为 488.5mm,小麦为 487.5～510mm,玉米为 526.5～549mm,小麦与玉米套种为 648～703.5mm,油料为 532.5～555mm,甜菜为 588～604.5mm,林果为 414.3mm,牧草为 552～570mm。

4. 作物需水量

作物需水量受气象因素影响很大,因此不同水文年的作物需水量见表 3-9。根据《灌溉与排水工程设计规范(GB50288—99)》3.1.2 条的规定(水利部等,1999),干旱地区以旱作为主时,灌溉设计保证率为 50％～75％。因此,这里就不再计算保证率 95％水文年的值。在河套灌区,种植的主要粮食作物是小麦和玉米,这里以小麦和玉米为例。

表 3-9　不同水文年的作物需水量

作物	多年平均值 /mm	K_c	$P=50\%$		$P=75\%$	
			ET_0/mm	作物需水量/mm	ET_0/mm	作物需水量/mm
小麦	492.4	0.82	608.1	498.6	662.3	543.1
玉米	527.4	0.72	735.7	529.7	786.7	566.4

3.3.2　农业生产蓝水足迹的计算

1. 田间蓝水足迹

1）小麦和玉米

田间作物需水量主要来自灌溉的蓝水和降水产生的有效降水,非充分供水系数 λ 值分别取 1、0.9 和 0.8,计算田间消耗的蓝水,见表 3-10。

表 3-10　不同水文年田间消耗的蓝水量

作物	λ	$P=50\%$			$P=75\%$		
		作物需水量 /mm	有效降水 /mm	消耗蓝水 /mm	作物需水量 /mm	有效降水 /mm	消耗蓝水 /mm
小麦	1	498.6	73.95	424.65	543.1	59.37	483.73
玉米		529.7	95.34	434.36	566.4	91.63	474.77
小麦	0.9	498.6	73.95	374.79	543.1	59.37	429.42
玉米		529.7	95.34	381.39	566.4	91.63	418.13
小麦	0.8	498.6	73.95	324.93	543.1	59.37	375.11
玉米		529.7	95.34	328.42	566.4	91.63	361.49

根据《内蒙古自治区行业用水定额标准(DB15/T385—2003)》(内蒙古自治区质量技术监督局,2003),$P=50\%$时,小麦喷灌的灌溉定额为 3300m³/hm²;$P=75\%$时,小麦喷灌的灌溉定额为 4000m³/hm²,和 $\lambda=0.8$ 时的计算值接近。

2）其他作物田间蓝水足迹

其他作物由于品种多、数据获取难,故其田间蓝水足迹采用《内蒙古自治区行业用水定额标准(DB15/T385—2003)》的值。

2. 灌溉水利用系数

灌溉水利用系数等于田间水利用系数与渠系水利用系数的乘积(高峰等，2004)。

1) 田间水利用系数

田间蓝水深层渗漏量很难通过试验取得。在实践中，田间的深层渗漏量通常依据不同的灌溉方式，采用田间水利用系数进行估算。田间水利用系数是指毛渠和农田的水利用系数，田间水利用系数的大小与土壤、田间工程和灌水技术密切相关。在工程实践中，田间水利用系数的平均值为地面灌 0.75、低压管灌 0.85、喷灌 0.95，或者是地面灌 0.75、节水灌溉 0.9。若是灌区同时采用几种灌溉方式，可以采用加权平均计算田间水利用系数。

2) 渠系水利用系数

输水损失量包括深层渗漏量和水面蒸发量，在实践中常用渠系水利用系数来计算，渠系水利用系数一般采用下面公式计算：

$$\eta = \eta_{干} \times \eta_{分干} \times \eta_{支} \times \eta_{斗} \times \eta_{农} \tag{3-1}$$

式中，η 为灌区渠系水利用系数；$\eta_{干}$、$\eta_{分干}$、$\eta_{支}$、$\eta_{斗}$ 和 $\eta_{农}$ 分别为干渠、分干渠、支渠、斗渠和农渠的渠系水利用系数。

河套灌区的渠系水利用系数：衬砌处理的渠道为 0.95，没有防渗处理的渠道为 0.65～0.75。

3) 灌溉水利用系数

河套灌区的灌溉水利用系数：完成节水灌溉改造后的灌域为 0.65～0.7，没有进行节水改造的灌域为 0.4～0.45。2010 年河套灌区节水灌溉面积达到22 万 hm^2(内蒙古河套灌区管理总局，2011)，尚有 48.14 万 hm^2 的灌域有待进行节水改造。按照加权法计算，2010 年河套灌区的灌溉水利用系数为0.48～0.53。由于河套灌区地下水矿化度超过 2g/L，而灌溉用水的矿化度不宜过高，一般以不超过 1.7g/L 为宜(张元禧和施鑫源，1998)，因此不考虑回归水。

3. 水利投入

从河套灌区历年的节水改造资金投入来看，2010 年前水利投入较少。1998～2010 年 12 年河套灌区节水改造资金投入中央资金 6.87 亿元，地方配套资金 3.13 亿元(邱进宝,2014),年均投入资金 0.83 亿元。2011 年后节水改造资金投入增加较快,2011 年投入 2 亿、2012 年投入 2.37 亿元、2013 年投入 2.54 亿元。根据相关规划,河套灌区节水改造总投入 62 亿元(郭平等,2013)。按照目前的投资规模,2010～2020 年完成投资 26 亿元,尚有 19.09 亿元要投入。2020～2030 年需投入 26 亿元,到 2030 年完成河套灌区的节水改造。

4. 蓝水足迹

小麦和玉米非充分供水系数 2015 年取 $\lambda = 1$、2020 年取 $\lambda = 0.9$、2030 年取 $\lambda = 0.8$。2010～2015 年要完成剩下任务的四分之一,即为 12.04 万 hm^2,到 2015 年节水灌溉面积为 34.04 万 hm^2。按照加权法计算,2015 年河套灌区的灌溉水利用系数为 0.521～0.571,取其平均值为 0.546。2010～2020 年完成节水改造面积 24.07 万 hm^2,2020 年河套灌区节水灌溉面积 46.07 万 hm^2。按照加权法计算,2020 年河套灌区的灌溉水利用系数为 0.564～0.614,取其平均值为 0.589。2020～2030 年完成节水改造面积 24.07 万 hm^2,2030 年河套灌区节水灌溉面积 70.14 万 hm^2,2030 年河套灌区的灌溉水利用系数为 0.65～0.7,取其平均值为 0.675。除小麦和玉米的其他作物按照灌溉定额计算,各种作物种植 1 hm^2 消耗的蓝水足迹见表 3-11、表 3-12。

表 3-11　$P = 50\%$ 时各种作物种植 1 hm^2 消耗的蓝水足迹（单位:m^3）

水平年	粮食作物				经济作物						牧草
	小麦	玉米	夏杂	秋杂	瓜类	蔬菜	番茄	甜菜	葵花	油料	
2015	7777.5	7955.3	3452.0	4086.1	4678.4	3297.8	4241.4	5269.6	4987.9	3635.2	4367.8
2020	6363.2	6475.2	3079.1	3636.7	3974.2	2664.2	3659.8	4703.6	4412.2	3248.9	3928.0
2030	4813.8	4865.5	2518.5	2963.0	2963.0	1777.8	2814.8	3851.9	3555.6	2666.7	3259.3

表 3-12　$P = 75\%$ 时各种作物种植 1 hm^2 消耗的蓝水足迹（单位:m^3）

水平年	粮食作物				经济作物						牧草
	小麦	玉米	夏杂	秋杂	瓜类	蔬菜	番茄	甜菜	葵花	油料	
2015	8859.5	8695.4	3452.0	4086.1	4678.4	3297.8	4241.4	5269.6	4987.9	3635.2	4367.8
2020	7290.7	7099.0	3079.1	3636.7	3974.2	2664.2	3659.8	4703.6	4412.2	3248.9	3928.0
2030	5557.2	5355.4	2518.5	2963.0	2963.0	1777.8	2814.8	3851.9	3555.6	2666.7	3259.3

3.4　粮食生产灰水足迹评价

随着人口增长和人民生活水平的提高,粮食的需求也大幅增加,人们需要单位面积耕地产出更多粮食,化肥、农药、农膜等使用量大幅增加。1990 年中国化肥的使用量(折纯)为 2 590.30 万 t,2002 年就达 4 339.39 万 t,1990～2002 年均增长 4.39%;2011 年增加到 5 704.24 万 t,2002～2011 年均增长了 3.09%;1991 年中国农药的使用量为 76.53 万 t,2002 年就达 131.13 万 t,1991～2002 年均增长 5.02%;2011 年增加到 178.70 万 t,2002～2011 年均增长了 3.50%(国家统计局,2012)。大量的农药、化肥未得到有效的利用,流失到水域、挥发到空气、遗留在土壤中,农业生态环境逐步恶化,已经威胁到粮食安全。由于不合理灌溉方式的长期存在,土壤的次生盐渍化有逐年加剧的趋势,中国有盐渍化土壤 26.67 万 km^2,其中农田约为 6.67 万 km^2,占中国耕地面积的 7%;潜在盐渍土面积 17.33 万 km^2,主要分布在干旱、半干旱和半湿润地区,其中西北地区约占 70%(董新光等,2007)。随着生活水平的提高,人们越来越关注生态环境和粮食安全,而面源污染和土壤盐渍化已成为重要的环境污染源和粮食安全的制约要素。如何评价和量化农业生产的负面效应,找到减少负面效应的途径和措施,增强粮食生产的可持续性,已成为人们不得不面对的重要课题。水足迹理论(吴普特等,2010;Wang et al.,2013)的出现使粮食生产中负面效应的量化成为可能,水足迹是一种衡量用水的指标,不仅包括消费者或者生产者的直接用水,也包括间接用水,在数量上等于蓝水、绿水和灰水足迹之和。Hoekstra 和 Chapagain(2008)第一次提出灰水足迹(grey water footprint,GWF)概念,认为灰水足迹是稀释污染物需要的水量,量化为将污染物稀释到一定的程度使周围水体环境质量保持在约定标准之上需要的水的体积。灰水研究在国外发展迅速,多以大尺度研究为主,尚未发现中小尺度的研究成果。Cheng Liu 等(2012)研究氮和磷排入世界主要河流的灰水足迹,研判其过去和将来的趋势;Mekonnen 和 Hoekstra(2011a)研究世界主要农作物和其加工产品的灰水足迹。中国的灰水足迹的研究尚处于起步阶段,国外文献的翻译、介绍较多(Hoekstra,et al 刘俊国等译,2012),但在水足迹评价中常常回避灰水足迹,计算复杂、参数选取难和数据不易获得是其主要原因。

本节以内蒙古河套灌区为研究区,评价河套灌区的灰水足迹,计算粮食生产灰水足迹,较好解决了大型灌区粮食生产负面效应的量化问题,并给出减少灰水足迹的途径和措施。可以推广到其他产粮区,为农业可持续发展及制定农业产业政策提供参考。

3.4.1　概况

　　河套灌区主要依靠引黄河水灌溉,黄河多年平均矿化度为 0.598g/L,由于灌溉方式主要是大水漫灌,加之蒸发量大,年均残留在土壤中的矿物质为 258.34×10^4 t。根据《内蒙古河套灌区供排水运行管理统计资料汇编(1960—2008 年)》(武银星和秦景和,2009),将 1990~2008 年的引黄水量、矿化度及灌区积盐量绘图如图 3-1 所示。

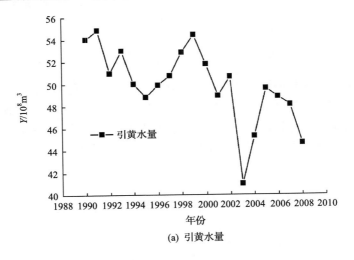

(a) 引黄水量

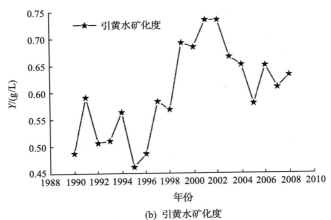

(b) 引黄水矿化度

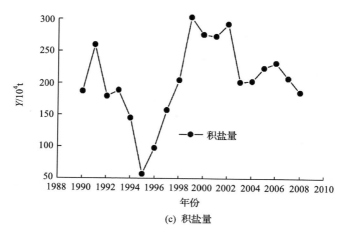

(c) 积盐量

图 3-1　引黄水量、矿化度及灌区积盐量

河套灌区施用的化肥以氮肥、磷肥为主,2000 年化肥施用量(折纯)为
171 050t,到 2010 年就增加到 246 795t,年均增长 3.39%;2000 年农药施用量
为 723t,到 2010 年就增加到 1 221t,年均增长 4.88%。河套灌区 2000～2010
年的化肥施用量(折纯)和农药施用量(巴彦淖尔市统计局,2000—2010 年)见
图 3-2。

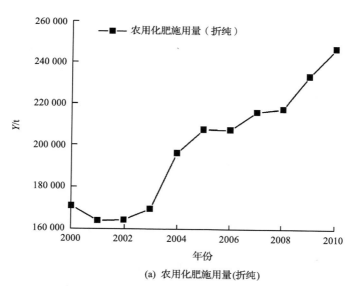

(a) 农用化肥施用量(折纯)

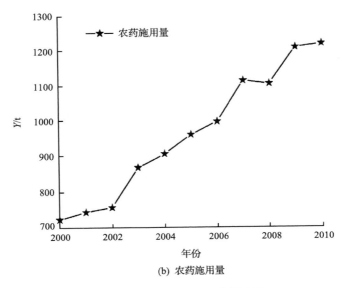

(b) 农药施用量

图 3-2　化肥(折纯)和农药施用量

3.4.2　计算方法与参数选取

1. 粮食生产灰水足迹

　　粮食生产灰水足迹就是把一个粮食生产周期单位粮食产量新增污染物,稀释到环境临界浓度所需要的水量,这个值也是粮食生产的最小灰水足迹。这种稀释新增污染物的水并非真实消耗掉了,故灰水足迹是一种非消耗用水。依据灰水足迹和粮食生产灰水足迹的定义及 Hoekstra 和 Mekonnen(2012)给出粮食生产灰水足迹的计算方法,粮食生产灰水足迹具有时间和空间的尺度效应,其值因时因地而异。

　　1) 面源污染灰水足迹

　　面源污染是在现代粮食生产过程中,由于农药、化肥等广泛使用所产生的环境问题。面源污染具有时空范围更广、不确定性更大,成分、过程更复杂,难以控制等特征。面源污染物成分复杂,不同成分环境临界浓度不同,所需的稀释水量也不相同;同一稀释水既可稀释 A 成分,又可稀释 B 成分,其所需稀释水量不具有叠加性;稀释新增面源污染所需的水量由所需稀释水量最大的污染物决定,在数量上等于该污染物的稀释水量。因此,灰水足迹符合“短板原理”,由所需稀释水量最大的污染物决定。

第 i 种面源污染源灰水足迹为

$$GWF_{np}^i = \frac{pul^i A}{(C_{\max}^i - C_{nat}^i)} = \frac{Q_m^i}{(C_{\max}^i - C_{nat}^i)} \qquad (3\text{-}2)$$

式中，GWF_{np}^i 为第 i 种面源污染源灰水足迹，m^3；pul^i 为第 i 种面源污染源单位面积农田流失量，$\mathrm{kg/m}^3$；A 为耕地面积，m^2；$C_{\max}^i$ 为第 i 种面源污染源环境允许最大浓度，$\mathrm{kg/m}^3$；C_{nat}^i 为第 i 种面源污染源在环境中的本底浓度，$\mathrm{kg/m}^3$；Q_m^i 为第 i 种面源污染物流失总量，kg。

$$Q_m^i = \lambda_i Q_{总}^i \qquad (3\text{-}3)$$

式中，λ_i 为第 i 种面源污染源的流失率；$Q_{总}^i$ 为第 i 种面源污染物施用总量，kg。

面源污染灰水足迹为

$$GWF_{np} = \max[GWF_{np}^1, GWF_{np}^2, \cdots] \qquad (3\text{-}4)$$

2）排盐灰水足迹

（1）稀释地下水矿化度新增量所需的水量：

$$GWF_{gm} = \frac{C_1 Q_1 - C_2 Q_2}{C_{\max} - C_{nat}} \qquad (3\text{-}5)$$

式中，C_1，C_2 分别为当年和上一年的地下水矿化度，$\mathrm{kg/m}^3$；Q_1，Q_2 分别为当年和上一年的地下水资源量，m^3。当 $C_1 Q_1 - C_2 Q_2 \leqslant 0$ 时，$GWF_{gm} = 0$；当 $C_1 Q_1 - C_2 Q_2 > 0$ 时，GWF_{gm} 即为计算值。$C_{\max}$ 为环境允许最大浓度，$\mathrm{kg/m}^3$；C_{nat} 为环境中的本底浓度，$\mathrm{kg/m}^3$。

（2）稀释积盐量所需的水量：

$$GWF_m = \frac{M}{C_{\max} - C_{nat}} \qquad (3\text{-}6)$$

式中，M 为当年新增积盐量，kg。

（3）排盐灰水足迹

由于（1）和（2）所涉及的成分都是矿化度，总排盐灰水足迹等于二者之和，即

$$GWF_{pm} = GWF_{gm} + GWF_m \qquad (3\text{-}7)$$

3）总灰水足迹

由于面源污染和排盐针对的是不同成分，故总灰水足迹等于同期面源污

染和排盐灰水足迹相比的最大值,即

$$GWF = \max[GWF_{np}, GWF_{pm}] \tag{3-8}$$

4)粮食生产灰水足迹

总灰水足迹除以粮食总产量,就是单位粮食产量的灰水足迹,也称作粮食生产灰水足迹,见下式:

$$GWF_g = \frac{GWF}{q} \tag{3-9}$$

式中,GWF_g 为粮食生产灰水足迹,m^3/kg;q 为粮食产量,kg;GWF 为总灰水足迹,m^3。

2. 化肥参数选取

1)氮肥参数

(1)氮肥流失率。氮肥施用农田后,一部分被作物吸收,一部分残留在土壤中转化为有机氮和固定态铵,还有一部分因径流、渗漏、挥发和反硝化等途径和机制而损失。由于河套灌区降雨稀少,径流损失主要是由于灌溉回水产生的氮肥损失,径流中氮素流失以颗粒氮及有效态氮中硝态氮和铵态氮为主;农田氮素渗漏流失多源于灌溉径流和土壤水的向下渗漏。根据研究资料,中国的氮肥利用率为 30%~35%(李淑芬和纪易凡,2003),也就是说,中国的氮肥流失率为 65%~70%。其中,通过淋溶作用流失 10.84%(傅建伟等,2010),渗漏损失 20%~40%(杜军等,2011)。根据河套灌区的施肥量、降雨量、土壤质地、作物种类、土壤厚度及渗透性、温度、地表覆盖度等综合考虑,河套灌区平均氮肥流失率取中国氮肥流失率的较小值,即为 65%。

(2)环境最大允许浓度 C_{max}。《农田灌溉水质标准(GB5084—2005)》(农业部环境保护科研监测所,2005)对氮素没有明确规定,但规定了全盐量,在非盐碱土地区为 $1kg/m^3$,盐碱土地区为 $2kg/m^3$;《地表水环境质量标准(GB3838—2002)》(国家环境保护总局,2002)规定:Ⅳ类水总氮最大门限值为 $1.5mg/L$,Ⅴ类水总氮最大门限值为 $2mg/L$;《地下水质量标准(GB/T14848—93)》(国家技术监督局,1993)规定:Ⅳ类水氨氮最大门限值为 $0.5mg/L$。灌溉用水的矿化度不宜过高,一般以不超过 $1.7g/L$ 为宜(张元禧和施鑫源,1998)。综合以上因素,结合河套灌区实际,选择 C_{max} 为 $1.7g/L$。

(3)环境中的本底浓度 C_{nat}。由于河套灌区灌溉水源全部来自于黄河,黄河巴彦淖尔段入境断面水质监测结果中的总氮就是背景浓度,将其作为环境中的本底浓度 C_{nat}。

2) 磷肥参数

(1) 磷肥流失率。磷是植物必需的营养元素,也是水体富营养化的关键元素。磷肥的流失主要有地表径流、侵蚀和淋溶等 3 条途径(刘利花等,2003)。磷在土壤中移动性小,易被土壤固定,中国磷肥利用率在 10%～25%,其流失率在 75%～90%,剩余的大部分磷则遗留在环境中,对环境带来巨大的压力。在磷的各流失形态中,颗粒态磷浓度要高于溶解态磷浓度,占总磷的 61.6%～83.1%,是全磷流失的主要形态(孙海栓等,2012;张璇等,2011)。由于河套灌区降水稀少,基本不产流(Zhao et al.,2014),由地表径流造成的磷肥流失率接近于 0,其磷肥流失主要途径有侵蚀和淋溶,故河套灌区平均磷肥流失率取中国磷肥流失率的较小值,即为 75%。

(2) 环境最大允许浓度 C_{max}。《农田灌溉水质标准(GB5084—2005)》对磷素没有明确规定,但规定了全盐量,在非盐碱土地区为 $1kg/m^3$,盐碱土地区为 $2kg/m^3$;《地表水环境质量标准(GB3838—2002)》规定:Ⅳ类水总磷最大门限值为 0.3mg/L,Ⅴ类水总磷最大门限值为 0.4mg/L;《地下水质量标准(GB/T14848—93)》没有规定总磷的最大门限值,但规定了Ⅳ类水总溶解固体最大门限值为 $2kg/m^3$。灌溉用水的矿化度不宜过高,一般以不超过 1.7g/L 为宜。因此,选择 C_{max} 为 1.7g/L。

(3) 环境中的本底浓度 C_{nat}。由于河套灌区灌溉水源全部来自于黄河,黄河巴彦淖尔段入境断面水质监测结果中的总磷就是背景浓度,将其作为环境中的本底浓度 C_{nat}。

3. 农药参数选取

1) 农药流失率

农药是保障农业生产的重要武器,杀虫、杀菌、除草是农药的三大功能,投入 1 元农药成本可以取得 8～10 元的经济效益(祁力钧等,2002)。2009 年 1～11 月,中国农药产品生产结构中,杀虫剂占农药总产量的比例为 35.45%,杀菌剂占农药总产量的比例为 10.79%,除草剂占农药总产量的比例为 35.5%。然而食品中的农药残留和农药危害环境成为人们关注的问题(彭莹,2011;杨希娃等,2012)。目前中国所使用的农药中 90% 以上的是高效、低残留农药(华小梅和江希流,2000),农药流失途径主要是渗滤、排水和土壤固化,张大弟等(2000)试验表明,仅渗滤与排水两项流失就占农药用量的 17.28%~ 59.31%。中国农药有效利用率约为 20%~30%,另外的 70%~80% 的农药流失到土壤、水源或飘移到环境中(洪晓燕和张天栋,2010)。结合河套灌区的实际,河套灌区施用农药 45% 左右被土壤固化,总流失率为 75% 左右。

2)环境最大允许浓度 C_{max}

《农田灌溉水质标准(GB5084—2005)》规定:氯化物小于 350mg/L,硫化物小于 1mg/L,总砷旱地小于 0.1mg/L,氟化物一般地区小于 2mg/L、高氟区小于 3mg/L,石油类水作小于 5mg/L、旱作小于 10mg/L、蔬菜小于 1mg/L。《地表水环境质量标准(GB3838—2002)》中规定的比较详细,所规定的门限值远小于《农田灌溉水质标准(GB5084—2005)》的规定值。这里我们选择《农田灌溉水质标准(GB5084—2005)》规定的门限值作为 C_{max}。

3)环境中的本底浓度 C_{nat}

黄河巴彦淖尔段入境断面水质监测结果中的相应物质的浓度为环境中的本底浓度 C_{nat},若未检出,则认为 $C_{nat}=0$。

4. 排盐用水参数选取

以回水矿化度的最大值作为 C_{max},黄河巴彦淖尔段入境断面水质监测结果中的矿化度为环境中的本底浓度 C_{nat}。

3.4.3　计算结果

应用计算方法和《内蒙古河套灌区供排水运行管理统计资料汇编(1960—2008 年)》(武银星和秦景和,2009)及《巴彦淖尔市统计年鉴(2000—2010 年)》(巴彦淖尔市统计局,2000—2010)基础数据分别计算面源污染、排盐灰水足迹、总灰水足迹、粮食生产灰水足迹及粮食生产水足迹。

1. 面源污染灰水足迹

1)氮肥

2005~2008 年巴彦淖尔市黄河入境水总氮变化较大,2007 年为 0.730mg/L,2008 年仅为 0.321mg/L,将其作为 C_{nat}。根据公式(3-2)计算氮肥的灰水足迹,见表 3-13。2005~2008 年氮肥灰水足迹有所增大,但幅度较小,基本稳定在 0.55~0.58 亿 m³ 之间。

表 3-13　氮肥灰水足迹

时间	施用量/t	流失率	环境最大允许浓度 C_{max}/(mg/L)	本底浓度 C_{nat}/(mg/L)	灰水足迹/($10^8 m^3$)
2005	141 964	0.65	1 700	0.633	0.543
2006	150 093	0.65	1 700	0.419	0.574
2007	151 643	0.65	1 700	0.730	0.580
2008	150 231	0.65	1 700	0.321	0.575

2）磷肥

2005～2008 年巴彦淖尔市黄河入境水总磷变化较大,2005 年最大,为 0.645mg/L,2008 年仅为 0.145mg/L。根据公式(3-2)计算磷肥的灰水足迹, 见表 3-14。2005～2008 年磷肥灰水足迹增长趋势明显,变化幅度较大,2008 年比 2006 年多 45%。

表 3-14　磷肥灰水足迹

时间	施用量/t	流失率	环境最大允许浓度 C_{max}/(mg/L)	本底浓度 C_{nat}/(mg/L)	灰水足迹/($10^8 m^3$)
2005	19 479	0.75	1 700	0.645	0.086
2006	18 214	0.75	1 700	0.213	0.080
2007	25 960	0.75	1 700	0.204	0.115
2008	26 310	0.75	1 700	0.145	0.116

3）农药

中国农药品种众多,大概有 2 000 多种。河套灌区目前使用的农药主要有三类:一是拟除虫菊酯类,主要有溴氢菊酯、氢戊菊酯、高效氯氢菊酯、甲氢菊酯等;二是氨基甲酸酯类,主要有呋喃丹、灭多威、敌灭威等;三是有机磷类,主要品有乐果、对硫磷、甲拌磷、甲胺磷等(Pesticide Regulatory Sci Comm,2003; 詹红丽等,2011)。使用最多的杀虫剂占总农药使用量的 48.5%,假设杀虫剂全部为脂类化合物,按照石油类计算,农药灰水足迹见表 3-15。2005～2008 年农药灰水足迹虽有上升趋势,但幅度较小,基本稳定在 0.35～0.41 亿 m³。

表 3-15　农药灰水足迹

时间	施用量/t	杀虫剂系数	农药流失率	环境最大允许浓度 C_{max}/(mg/L)	本底浓度 C_{nat}/(mg/L)	灰水足迹/(10^8 m³)
2005	962	0.485	0.75	10	0.024	0.351
2006	999	0.485	0.75	10	0.003	0.363
2007	1 116	0.485	0.75	10	0.000	0.406
2008	1 107	0.485	0.75	10	0.000	0.403

4）面源污染灰水足迹 GWF_{np}

根据公式(3-4)，对几种面源污染物的同时间灰水足迹进行比较，最大值即为面源污染灰水足迹，见表 3-16。面源污染灰水足迹有增加趋势，但增长幅度小，基本稳定在 0.55～0.58 亿 m³。

表 3-16　面源污染灰水足迹　　　　　　　(单位：10^8 m³)

时间	氮肥灰水足迹	磷肥灰水足迹	农药灰水足迹	面源污染灰水足迹
2005	0.543	0.086	0.351	0.543
2006	0.574	0.080	0.363	0.574
2007	0.580	0.115	0.406	0.580
2008	0.575	0.116	0.403	0.575

2. 排盐灰水足迹

1）稀释地下水矿化度新增量所需的水量

2005～2008 年巴彦淖尔市黄河入境水的矿化度基本比较稳定，但有增加趋势，2008 年比 2005 年增加了 0.053g/L。根据公式(3-5)计算稀释地下水矿化度新增量所需的水量，见表 3-17，2006 年灰水足迹最大，为 2.057 亿 m³，其他年份为 0。

主要原因是内蒙古自治区政府决定从河套灌区 40 亿 m³ 农业用水指标中，调整出 3.6 亿 m³ 作为沿黄河其他 5 个盟市工业发展的后备水源(赵丽蓉等，2011)，灌区渠道衬砌、实行节水灌溉制度、调整种植结构等多种节水措施，导致灌区土壤水盐、地下水盐和生态环境的变化。从计算结果中也可以看出，2006 年地下水排盐灰水足迹与 2005 年相比显著增加；随着平衡体系的逐步恢复，2007 年地下水排盐灰水足迹恢复正常。

表 3-17　地下水排盐灰水足迹

时间	当年地下水矿化度 /(g/L)	上一年地下水矿化度 /(g/L)	当年地下水资源量 /($10^8 m^3$)	上一年的地下水资源量 /($10^8 m^3$)	环境最大允许浓度 /(g/L)	本底浓度 /(g/L)	灰水足迹 /($10^8 m^3$)
2005	4.360	4.260	22.474	24.344	5.47	0.579	0
2006	4.626	4.360	23.885	22.474	6.70	0.622	2.057
2007	4.230	4.626	23.285	23.885	9.24	0.609	0
2008	3.920	4.230	24.568	23.285	10.80	0.632	0

2) 稀释积盐量所需的水量

根据公式(3-6)计算积盐灰水足迹,见表 3-18,2005~2008 年积盐灰水足迹逐年减小的趋势明显,年际间变化大,2008 年仅为 2005 年的 40%。

3) 排盐灰水足迹

根据公式(3-7)可得,2005 年排盐灰水足迹为 4.570 亿 m^3,2006 年为 5.872 亿 m^3,2007 年为 2.403 亿 m^3,2008 年为 1.825 亿 m^3。

表 3-18　积盐灰水足迹

时间	新增积盐量 /(10^4t)	环境最大允许浓度/(g/L)	本底浓度 t /(g/L)	灰水足迹 /($10^8 m^3$)
2005	223.50	5.47	0.579	4.570
2006	231.90	6.70	0.622	3.815
2007	207.42	9.24	0.609	2.403
2008	185.60	10.80	0.632	1.825

3. 总灰水足迹和粮食生产灰水足迹

根据公式(3-8)可计算河套灌区粮食生产总灰水足迹,2005 年为 4.570 亿 m^3,2006 年为 5.872 亿 m^3,2007 年为 2.403 亿 m^3,2008 年为 1.825 亿 m^3。按照粮食作物和经济作物耕地占用比例,核算粮食总产量。根据公式(3-9)计算粮食生产灰水足迹,见表 3-19。

表 3-19　总灰水足迹及粮食生产灰水足迹

时间	总灰水足迹/$(10^8\,m^3)$	农作物总播面积/$(10^4\,hm^2)$	单位面积灰水足迹/(m^3/hm^2)	粮食产量/$(10^8\,kg)$	粮食生产灰水足迹/(m^3/kg)
2005	4.570	50.527	904.467	35.518	0.129
2006	5.872	53.119	1 105.442	36.992	0.159
2007	2.403	55.654	431.775	38.882	0.062
2008	1.825	56.327	324.001	42.088	0.043

注：粮食产量按照种植比例把经济作物和瓜果折算为粮食，比如 2005 年粮食种植 26.285 万 hm^2，农作物总播面积 50.527 万 hm^2，小麦和玉米总产量为 184.77 万 t，将经济作物和瓜果折算为粮食后，粮食总产达到 35.518 亿 kg。

　　总体来看，内蒙古河套灌区粮食生产的环境问题主要体现在面源污染和土壤的盐渍化，面源污染来源于化肥和农药的过度施用，河套灌区大约有 65％的氮肥、75％的磷肥和 75％的农药未得到有效利用，流失到空气、土壤和水域中；盐渍化主要包括地下水矿化度的变化和积盐两方面。利用水足迹理论中的灰水足迹能够较好的量化和评价粮食生产的负面作用。粮食生产灰水足迹有逐年降低的趋势，2005～2008 年，氮肥的灰水足迹基本稳定在 0.5 亿～0.6 亿 m^3；磷肥的灰水足迹在 0.08 亿～0.12 亿 m^3，但有逐年增大的趋势；农药的灰水足迹有所增加，但基本稳定在 0.35 亿～0.41 亿 m^3；面源污染的灰水足迹基本稳定在 0.5 亿～0.6 亿 m^3。地下水排盐灰水足迹 2006 年为 2.057 亿 m^3，其他年份为 0；积盐灰水足迹逐年减小，从 2005 年的 4.570 亿 m^3 减少到 2008 年的 1.825 亿 m^3。河套灌区粮食生产总灰水足迹有逐渐减小的趋势，从 2006 年的 5.872 亿 m^3，减少到 2008 年的 1.825 亿 m^3，总灰水足迹占总水足迹的比例基本稳定在 3.1％～9.6％。2008 年的粮食生产灰水足迹仅相当于 2006 年的 27.04％，这和 2006 年河套地区推广节水灌溉等农业新技术密切相关。由灰水总足迹的计算过程看，河套灌区灰水足迹以排盐灰水足迹最大，在数值上灰水总足迹与排盐灰水足迹相等，说明节水灌溉可以减少无效灌溉水量和水分的无效蒸发量，从而有效地减小排盐灰水足迹，说明推广节水灌溉等农业新技术能够有效地减小粮食生产灰水足迹。

3.4.4　减少灰水的途径与措施

　　从灰水足迹的计算值可以看出，河套灌区排盐用水远远大于面源污染用水，盐的主要来源是引黄河水所含的矿物质。在面源污染灰水中，氮肥、磷肥和农药的灰水足迹比较接近，氮肥＞磷肥＞农药，使用效率低、流失量大是其

主要原因,大量未发挥作用的氮肥、磷肥和农药进入水体、土壤和大气,农业生产环境不断恶化。应采取以下措施减少灰水足迹:

(1)采取节水措施,提高水分生产率,减少田间无效蒸发量。近年来河套灌区积极推广以微灌为代表的节水灌溉新技术,但所占比例不到总灌溉面积的5%,主要的灌溉方式仍是大水漫灌;引水渠基本上以土渠为主,渠系渗漏及水面蒸发量大,渠系水利用系数仅为0.42,低于全国平均水平。河套灌区蒸发强烈,大量水分未被作物利用就蒸发掉了,积盐量每年新增200万t左右,相当于每引黄1亿 m^3 的水,灌区就新增4万 t 的积盐。河套灌区的水分生产率仅为山东、河南等农业发达省份的52.73%,提高水分生产率势在必行。通过节水措施的实施,提高水分生产率,若河套灌区的水分生产率达到山东、河南的80%,每年可减少引黄水量17亿 m^3,可减少积盐68万 t;按照2008年的水平计算,可减少积盐灰水足迹0.669亿 m^3,占当年灰水足迹的36.66%。节水措施可以直接减少水分无效蒸发,减少积盐量(齐学斌和庞鸿宾,2000),从而减少积盐灰水足迹。

(2)合理使用化肥、农药,提高化肥、农药使用效率。中国化肥当季的利用率氮肥约为30%～35%,磷肥10%～20%;从施药器械喷洒出去的农药仅有25%～50%能够沉积在作物叶片上,仅有不足1%沉积在靶标害虫上,不足0.03%药剂能起着杀虫作用(张慧春等,2007)。化肥、农药流失率高、有效利用率低,面源污染严重,已经严重制约了中国农业发展。若2008年河套灌区化肥的利用率增加20%,可减少化肥灰水足迹0.177亿 m^3,占当年面源污染灰水足迹的30.78%。使用施肥新技术提高化肥的使用效率,减少化肥的无效施用量,可以减少化肥灰水足迹。提高生物防治害虫比例和农药的害虫中靶率都可以减少农药使用量,提高农药使用效率,可以减少灰水足迹。

(3)地表水-地下水联合调度,合理确定地下水位。河套灌区地下水位随灌溉呈周期性波动(张志杰等,2011),每年1～4月地下水位在2.0～2.5m,5～9月为1.6～2.0m,10～12月在1.0～1.5m。地下水位浅,潜水和土壤水交换强烈,水分蒸发使土壤表层盐分不断累积,容易发生次生盐渍化。通过地表水与地下水联合调度,合理使用地下水,降低地下水位,可以减少次生盐渍化,减少灰水足迹。研究表明(赵锁志等,2008;杜军等,2010),西北地区潜水位埋深小于2.0m时,就会出现明显的土壤盐渍化现象。

(4)调整种植业结构,提高粮食生产水足迹。随着河套灌区土壤盐分含量逐年增加,每年不得不增加秋浇排除土壤盐分,秋浇用水量有逐年增加的趋势,2000年秋浇用水量为13.617亿 m^3,到2008年就增加到15.158亿 m^3;浅层地下水的矿化度多年来维持在 4g/L 左右,不宜作为农作物灌溉用水;因此,调整种植业结构、增加耐盐作物比例已成为维持河套灌区健康能力的重要途径(程智强等,2005;杨树青等,2010)。河套灌区粮食生产水足迹是河南、山东的 1.90 倍,也就是说生产 1kg 粮食,河套灌区耗水量是河南、山东的 1.90 倍。通过调整种植业结构,提高粮食单产,减少粮食生产水足迹;通过大量种植耐盐作物(李志杰等,2005),大量盐分进入作物根茎,可以减少排盐灰水足迹。

3.5　农业生产水足迹

2015 年、2020 年和 2030 年灰水足迹按照水足迹总量的 10%、8% 和 6% 计算,各种作物种植 1hm² 的消耗的水足迹总量,见表 3-20、表 3-21。

表 3-20　$P=50\%$ 时各种作物种植 1hm² 消耗的水足迹总量　　　(单位:m³)

水平年	粮食作物				经济作物						牧草
	小麦	玉米	夏杂	秋杂	瓜类	蔬菜	番茄	甜菜	葵花	油料	
2015	9368.7	9799.6	4610.7	5543.4	6195.0	4676.3	5714.3	6845.3	6328.3	5047.4	6022.8
2020	7670.9	8022.9	4124.1	4957.3	5321.8	3907.0	4982.2	6109.5	5591.6	4538.5	5438.4
2030	5997.5	6284.4	3518.7	4229.7	4229.7	2949.7	4069.4	5189.7	4666.3	3909.7	4716.1

表 3-21　$P=75\%$ 时各种作物种植 1hm² 消耗的水足迹总量　　　(单位:m³)

水平年	粮食作物				经济作物						牧草
	小麦	玉米	夏杂	秋杂	瓜类	蔬菜	番茄	甜菜	葵花	油料	
2015	10398.5	10572.9	4450.3	5502.6	6154.2	4635.5	5673.5	6804.5	6337.1	5006.6	5897.4
2020	8515.1	8656.5	3966.6	4917.2	5281.7	3866.9	4942.1	6069.5	5600.2	4498.4	5315.2
2030	6519.9	6648.0	3299.0	4112.0	4112.0	2855.7	3955.0	5054.2	4588.4	3797.9	4507.9

3.6　农业生产水足迹系统演化特征

灌区对于中国粮食安全有着举足轻重的作用,灌区以 45% 的耕地面积生产了占中国总量 75% 的粮食和 90% 的经济作物(汪恕诚,2005),却也用了 60%~70% 的中国供水量(水利部,2004—2012)。灌区是人与自然相互作用下的复合体,受人类活动干扰尤为强烈;灌区农业生产既受到水资源、耕地等资源性因素的制约,也受到农业产业政策(何树全,2012)、农民种植习惯(王玉宝,2010)、农业科技发展水平(吴普特,2011)和气候变化(吴普特和赵西宁,2010)等影响,影响因素众多,结构复杂,作用方式多变。灌区农业水资源系统是由资源、社会经济和生态环境组成的复合系统,组成这个系统的各子系统相互联系、相互制约和相互支持,处于不断的演化过程中。灌区农业水资源系统也处于不断演替和变化中,是一个无序—有序的过程,其演化特征也在不断地发生改变,系统反映了灌区农业水资源系统的演化规律。科学揭示灌区农业水资源系统的演化机制,认知其演化特征,对灌区水资源可持续利用、保障中国粮食安全有着十分重要的理论和实际意义。在以往的研究中(阮本清等,2008;徐存东等,2010),人们重点关注了灌区地下水位和水质演化规律的研究,而对灌区农业水资源演化规律缺乏必要的认知。

农作物消耗的水资源既有水利工程供给的地表水资源和地下水资源,也有降水产生的有效降水,前者是水足迹理论(Hoekstra et al.,2011)中的蓝水足迹,后者是绿水足迹;灌区农业生产中还产生面源污染、盐渍化等负面的环境影响,可以用灰水足迹将其量化,三者共同构成了灌区农业生产水足迹。灌区农业生产水足迹系统是典型的复合系统,其演化是灌区资源、社会经济和生态环境等子系统长期演化和相互关系转化的结果,其演化特征是各子系统相互联系、相互制约和相互支持关系的集中体现,这种关系左右着系统相变特征和规律(刘丙军等,2011)。若片面强调某个子系统的价值,会导致子系统间发展不协调,反而使整个系统紊乱,甚至崩溃,只有各子系统协同才能促进整个系统协调发展。以协同学(哈肯,1989)为代表系统理论的出现,为评价系统内部协同作用提供了很好的工具。协同学协调度评价模型(彭晚霞等,2011)以序参量原理和役使原理为基础,通过构建同步协调方程,以实际发展水平与理想发展轨迹的空间距离来度量复合系统协调程度,也就是系统协调度,其决定了系统在达到临界区域时走向何种序和结构。

本节以内蒙古河套灌区为研究区,提出灌区农业生产水足迹系统演化特征序参量,利用基于协同学原理的农业生产水足迹系统演化特征识别模型,研究河套灌区1960~2008年农业生产水足迹系统的相变特征,分析农业生产水足迹系统协调度变化规律,科学揭示其协同异化演化规律,为灌区系统协调度测度评价提供了新途径,也为灌区可持续发展提供理论依据。

3.6.1　数据来源和方法

1. 数据来源

研究使用的水文和水资源数据主要来源于《内蒙古河套灌区供排水运行管理统计资料汇编(1960—2008 年)》(武银星和秦景和,2009),社会经济数据主要来源于《巴彦淖尔市统计年鉴(2000—2010 年)》(巴彦淖尔市统计局,2000—2010 年)。根据基础数据情况,确定时间序列跨度为 1960～2008 年共 49 年(人口、小麦播种面积和小麦总产量缺少 1960 年的数据,用插补方法补齐)。河套灌区主要指标见表 3-22。

表 3-22　1960～2008 年河套灌区主要指标

年份	人口 /10⁴人	第一产业产值/10⁴元	耕地面积 /10³hm²	年降雨量 /mm	净引水量 /10⁸m³	秋浇用水量/10⁸m³	小麦播种面积/10⁸hm²	小麦总产量/10³kg
1960	78.06	6099	349.52	159.1	38.773	6.951	104.50	111918
1965	89.78	9839	369.77	63.9	44.997	14.204	127.50	197209
1970	110.69	10731	368.38	180.6	38.555	9.260	132.63	115474
1975	123.76	13091	342.55	159.2	37.967	6.145	133.29	190515
1980	128.78	22820	320.66	108.3	45.711	13.725	114.80	198574
1985	131.22	68728	308.13	151.9	51.989	13.413	122.20	373869
1990	141.04	145684	312.56	181.56	54.041	13.808	156.81	632515
1995	153.84	340331	353.01	242.8	48.819	12.168	162.64	791256
2000	165.78	433296	599.27	142.2	51.782	13.617	125.40	675637
2004	172.38	608300	585.44	190.3	45.286	15.205	134.11	731569
2008	173.76	926600	608.87	231.1	44.661	15.158	128.04	708364

2. 子系统有序度

农业生产水足迹系统表示为 $S = \{S_1, S_2, S_3, \cdots\}$,其中 S_i 为第 i 子系统,$i = 1, 2, 3, \cdots, m$;若 x_{ij} 为子系统 S_i 第 j 个序参量,x_{ij} 的值在临界阈值区间 $[\alpha_{ij}, \beta_{ij}]$,如果 x_{ij} 的值越大越优,其就是正序参量,有序度(孟庆松和韩文秀,2000;樊华和陶学禹,2006;刘丙军等,2011) μ_{ij} 就按照下式计算:

$$\mu_{ij} = \frac{x_{ij} - \alpha_{ij}}{\beta_{ij} - \alpha_{ij}} \tag{3-10}$$

如果 x_{ij} 的值越小越优,其就是逆序参量,有序度 μ_{ij} 就按照下式计算:

$$\mu_{ij} = \frac{\beta_{ij} - x_{ij}}{\beta_{ij} - \alpha_{ij}} \tag{3-11}$$

如果子系统 S_i 有 n 个序参量,其有序度 μ_i 按照下式计算:

$$\mu_i = \sum_{j=1}^{n} \lambda_j \mu_{ij} \tag{3-12}$$

式中,λ_j 为 x_{ij} 的权系数,$\lambda_j \geqslant 0, \sum_{j=1}^{n} \lambda_j = 1, j = 1, 2, \cdots, n$。

3. 系统协调度

从协同学角度来看,协调就是系统的组成要素间在发展过程中彼此间的和谐一致,即是系统协调度(孟庆松和韩文秀,2000;雷社平等,2004;樊华和陶学禹,2006;汤铃等,2010;刘丙军等,2011)。若评价特定时段起点 t_0 对应理想点为 O,评价特定时段 t 的理想终点为 P,则直线 OP 表示该段时间河套灌区农业生产水足迹系统的理想发展轨迹。如果灌区农业生产水足迹系统发展方向完全和直线 OP 吻合,就说明农业生产水足迹系统处在理想发展轨迹,系统完全协调。实际上,由于系统在发展过程中,有种植结构、耕作方式、灌水方法和节水技术等诸多影响因素的交互作用,通常不与直线 OP 吻合。由于无法准确定位 P 点的坐标,只能从 P 点对应于系统实际轨迹 P' 表征 P 点坐标,若 P' 的坐标为 $(\mu_1(t), \mu_2(t), \cdots, \mu_m(t))$,则

$$\bar{\mu} = \frac{\mu_1(t) + \mu_2(t) + \cdots + \mu_m(t)}{m} \tag{3-13}$$

P 点坐标就可以表示为 $(\bar{\mu}, \bar{\mu}, \cdots, \bar{\mu})$。$P'$ 偏离直线 OP 的空间距离 $d(t)$ 为

$$d(t) = \sqrt{\frac{(\mu_1(t) - \bar{\mu})^2 + \cdots + (\mu_m(t) - \bar{\mu})^2}{m}} \tag{3-14}$$

用 $d(t)$ 归一化后的量值 $\sigma(t)$ 衡量 t 时段农业生产水足迹系统的协调度，$\sigma(t)$ 为

$$\sigma(t) = 1 - d(t) \qquad (3\text{-}15)$$

$\sigma(t)$ 越大，表明系统协调程度越高；反之则越低。可见，根据不同时期灌区农业生产水足迹系统协调度函数 $\sigma(t)$ 的大小，可以判断农业生产水足迹系统的相变特征，由此揭示农业生产水足迹系统的演化机制。

4. 序参量

分析灌区农业生产水足迹系统演化规律，就是研究不同时期 3 个子系统（资源、社会经济和生态环境）序参量的协调度。系统序参量是根本变量，决定着系统相变进程，对系统发展演变过程起着决定作用。序参量数量较少，衰减变化较慢，但却决定系统的有序状态，主宰着整个系统演变的方向。系统内部序参量间协同作用，左右着系统相变的特征与规律，决定着系统从无序走向有序的机制。灌区农业生产水足迹系统复杂，根据灌区农业生产水足迹的特点和序参量的概念选择序参量。

1）资源子系统

灌区是水-土资源高度匹配的农业区，水-土资源相互匹配和相互制约的特点（王丽霞等，2011），构造了资源子系统的结构和转换关系，综合考虑资源子系统自然属性和社会属性，选用耕地水足迹和广义水资源利用率作为资源子系统序参量。耕地水足迹按照下式计算：

$$WF_{ua} = \frac{WF_{\text{blue}} + WF_{\text{green}}}{A} \qquad (3\text{-}16)$$

式中，WF_{ua} 为耕地水足迹，m^3/hm^2；WF_{blue} 为农业生产蓝水足迹，m^3；WF_{green} 为农业生产绿水足迹，m^3；A 为农作物种植面积，hm^2。

广义水资源利用率按照下式计算：

$$WF_{ue} = \frac{WF_{\text{blue}} + WF_{\text{green}}}{Q + WF_{\text{green}}} \qquad (3\text{-}17)$$

式中，WF_{ue} 为广义水资源利用率，%；Q 为河套灌区净引黄河水量，m^3。

2）社会经济子系统

灌区作为农作物的生产区域，其社会经济子系统的发展主要体现在生产效率的提高和资源消耗的减小；因此，选用粮食单产增产率和粮食生产水足迹

作为社会经济子系统的序参量。1960～2008 年间,河套灌区种植的农作物品种有十余种,大面积种植且种植面积变化不大的只有小麦,而小麦又一直是河套地区的主要口粮作物。因此,在序参量的计算中,选择小麦作为代表性作物(蒙继华等,2007)。粮食单产增产率按照以代表作物小麦进行计算:

$$\rho = \frac{D_{t+1} - D_t}{D_t} \times 100\% \qquad (3\text{-}18)$$

式中,ρ 为粮食单产增产率,%;D_{t+1} 为第 $t+1$ 年的小麦单产,kg/hm^2;D_t 为第 t 年的小麦单产,kg/hm^2。

粮食生产水足迹(吴普特等,2013)是生产单位粮食所消耗的水足迹数量,计算时按照代表作物小麦进行计算:

$$WF_{\text{grain}} = \frac{WF_{ua}}{D} \qquad (3\text{-}19)$$

式中,WF_{ua} 为耕地水足迹,m^3/hm^2;D 为小麦单产,kg/hm^2;WF_{grain} 为粮食生产水足迹,m^3/kg。

3)生态环境子系统

根据河套灌区的特点和生态环境的研究重点,将生态环境子系统序参量确定为粮食泄水量和供水保证率。粮食泄水量按照代表作物小麦进行计算:

$$q_e = \frac{Q_e}{D} \qquad (3\text{-}20)$$

式中,q_e 为粮食泄水量,m^3/kg;Q_e 为单位农作物种植面积泄水量,m^3/hm^2;D 为农作物单产,kg/hm^2。农作物选用河套灌区代表性农作物小麦。

供水保证率按照下式计算:

$$\eta_e = \frac{Q_{au}}{Q_{au} + WF_{\text{grey}}} \times 100\% \qquad (3\text{-}21)$$

式中,η_e 为供水保证率,%;Q_{au} 为河套灌区秋浇用水量,m^3;WF_{grey} 农业生产灰水足迹,m^3。

4)序参量阈值区间

参照发达地区经验和国内外研究成果(耿雷华等,2006;Mascarenhas and Coelho,2010;涂武斌等,2012),并结合河套灌区实际,给出农业生产水足迹系统 6 个序参量的五级阈值区间,见表 3-23。

表 3-23　农业生产水足迹系统序参量阈值区间

子系统	序参量	单位	类型	I	II	III	IV	V
资源子系统	耕地水足迹	m³/hm²	正	<5000	5000~8000	8000~12000	12000~15000	>15000
	广义水资源利用率	%	逆	>85	85~75	75~65	65~55	<55
社会经济子系统	粮食单产增产率	%	正	<-15	-15~-4	-4~4	4~15	>15
	粮食生产水足迹	m³/hm²	逆	>12	8~12	3~8	0.6~3	<0.6
生态环境子系统	供水保证率	%	正	<50	50~65	65~80	80~95	>95
	粮食泄水量	m³/kg	逆	>1.5	1.0~1.5	0.5~1.0	0.1~0.5	<0.1

3.6.2 结果与分析

1. 计算结果

利用前面的计算方法计算 1960～2008 年序参量的值，取 $\lambda_1 = \lambda_2 = 0.5$，利用式（4）和式（5）计算各序参量的有序度和各子系统的有序度。利用式（7）确定 P 点的坐标，按照式（8）和式（9）得到各年份的 $d(t)$ 和 $\sigma(t)$ 值，计算结果见表 3-24。

2. 资源子系统演化分析

1）序参量演化分析

（1）耕地水足迹。近 50 年来河套灌区耕地水足迹先升后降，起伏较大，最大的 1990 年是最小的 2008 的 2.4 倍。按照耕地水足迹的变化情况，可以将其分为三个阶段：

第一个阶段是 1960～1975 年，耕地水足迹小于 $10000\text{m}^3/\text{hm}^2$。该时期是我国大集体时代，基层水利机构健全，水资源管理规范，无效用水量较小，灌区水土资源匹配较好；

第二个阶段是 1975～2000 年，河套灌区耕地水足迹大于 $10000\text{m}^3/\text{hm}^2$，是水资源管理比较松散阶段。由于分田到户，农民自主经营，基层水利机构运营困难，自身生存也面临着很多问题，水利设施损坏后不能及时得到维修，水资源管理难以到位，无效用水量大幅增加，灌区水土资源匹配不好；

第三阶段是 2000～2008 年，河套灌区耕地水足迹小于 $7000\text{m}^3/\text{hm}^2$，是水资源管理恢复和规范阶段。由于黄河连续 25 年断流及 1998 年长江和松花江流域大洪水，中央加大了水利投入，基层水利机构逐步恢复；黄河水利委员从 1999 年 3 月开始统一调度黄河水量，加大对黄河水资源的管理力度。灌区无效用水量大幅减少，水土资源匹配较好。

（2）广义水资源利用率。河套灌区广义水资源利用率有升有降，基本维持在 70% 左右，说明河套灌区农业节水潜力较大。1998 年河套灌区开始实施续建配套和节水改造，节水灌溉面积逐年增加；广义水资源利用率在 2000 年后呈减小趋势，到 2008 年减小到 63.63%，说明随着节水灌溉面积的增加，河套灌区的节水潜力也在增加。

表 3-24　农业生产水足迹系统子系统有序度和协调度

年份	资源子系统		社会经济子系统			生态环境子系统			
	耕地水足迹 /(m³/hm²)	广义水资源利用率/%	有序度	粮食单产增产率/%	粮食生产水足迹 /(m³/kg)	有序度	供水保证率 /%	粮食沮水量 /(m³/kg)	有序度	协调度
1960	9781.99	77.64	0.59	−5.60	9.13	0.79	76.61	0.49	0.40	0.841
1965	8641.79	68.01	0.43	7.63	5.59	0.41	72.34	0.56	0.69	0.872
1970	8797.06	71.45	0.28	−10.86	10.10	0.35	68.73	1.34	0.29	0.970
1975	10071.43	78.08	0.61	10.42	7.05	0.39	65.68	1.27	0.26	0.856
1980	10399.30	67.25	0.69	3.89	6.01	0.69	64.20	1.22	0.76	0.968
1985	13687.32	71.82	0.44	12.08	4.47	0.72	67.15	1.16	0.41	0.861
1990	14188.71	70.82	0.57	5.68	3.52	0.52	54.67	0.75	0.41	0.930
1995	12028.09	68.18	0.35	3.82	2.47	0.60	89.76	0.46	0.37	0.886
2000	6978.82	70.56	0.55	2.06	1.30	0.73	60.20	0.21	0.71	0.920
2004	5980.74	64.15	0.21	1.37	1.10	0.73	69.08	0.35	0.32	0.774
2008	5822.86	63.63	0.21	2.02	1.05	0.78	89.25	0.35	0.50	0.765

2) 子系统演化分析

有序度呈现波动性减小趋势,与河套灌区水土资源匹配情况基本吻合。一般情况下,有序度小于 0.2,就认为灌区水土资源匹配合理;有序度在 0.2～0.4,就认为是灌区水土资源匹配基本合理;有序度在 0.4～0.6,认为是灌区水土资源匹配基本不合理;有序度大于 0.6,就认为是灌区水土资源匹配不合理(刘德地和陈晓宏,2008)。由计算结果可知,从 2000 年以来河套灌区资源匹配逐渐由基本不合理走向基本合理。

3. 社会经济子系统演化分析

1) 序参量演化分析

(1) 粮食单产增产率。近 50 年来河套灌区粮食单产总体上呈逐步提高趋势,1980 年前粮食单产波动性较大,减产年份较多,粮食单产增长以恢复性增长为主。1980～1990 年,粮食单产增长以波动性增长为主;主要原因是农民对国家联产承包责任制是否能够长期实施持怀疑态度,农民种田积极性高,但投入不稳定。1995 年以后,粮食单产年年增加,但增长幅度逐步减小,说明粮食增产潜力在逐步减小。

(2) 粮食生产水足迹。近 50 年来河套灌区粮食生产水足迹呈现波动性减小的趋势,1960～1980 年大于 $5m^3/kg$,1980～2000 年为 $1.5～5m^3/kg$,2000～2008 年为 $1～1.5m^3/kg$,最大的 1970 年是最小的 2008 年的 9.62 倍,说明河套灌区水分生产率逐步提高。灌区粮食生产水足迹的变化与种植结构调整密切相关,1980 年前灌区大面积种植高耗水的水稻和单产较低的糜粟,而单产较高的玉米种植面积较少;1980 年后水稻、糜粟等逐渐退出,玉米的种植面积增加了 2 倍。2000 年后随着以节水为中心的续建配套项目发挥效益,灌区的粮食生产水足迹进一步减少。

2) 子系统演化分析

有序度呈波动性变化,1960～1980 年波动性较大,极小值出现在 1970年,子系统最为紊乱;1980～2000 年波动性较小,子系统处于基本有序状态;2000 年后呈稳定增长趋势,子系统处于有序状态。总体来看,有序度逐步提高,说明社会经济子系统逐步由无序走向有序。

4. 生态环境子系统演化分析

1) 序参量演化分析

(1) 供水保证率。近 50 年来河套灌区生态环境供水保证率变化较大,最小值出现在 1990 年,最大值出现在 2008 年;而耕地水足迹最大值出现在 1990 年,最小值出现在 2008 年;说明随着耕地占用水资源的减少,环境供水保证率随之增加;而耕地中无效耗水量增加了环境中的积盐量,生态环境恶化。因此,灌区单位面积耕地占用水资源量应合理,田间合理使用水资源有利于生态环境的改善。从其变化情况来看,生态环境供水保证率 1960～1990 年逐步下降,1990～2008 年呈波动性变化。

(2) 粮食回归水量。粮食回归水量呈波动性变化,1970～1990 年处于峰值区间,单位粮食产量的回归水超过 $1m^3$,水资源浪费严重;2000～2008 年是谷值,单位粮食产量的回归水小于 $0.35m^3$。1970～2004 年粮食回归水量处于下降过程,粮食单产提高和水资源利用效率增加是其主要原因。最小值出现在 2004 年,是我国农业政策调整及黄河水资源管理规范化共同作用的结果。

2) 子系统演化分析

子系统有序度有三个较大值点:1965 年、1980 年、2000 年,其他年份基本稳定。1965 年河套灌区耕地面积、农业人口在三年自然灾害之后恢复、增长,造成水土资源不匹配显现的效果;1980 年是中国农村联产承包责任制实施后,农村生产经营模式急剧改变,造成水土资源不匹配而呈现的效果;2000 年是 1999 年黄河水资源统一调度,水资源供给减少而用水及管理方式没有随之改变,造成水土资源不匹配显现的效果。由此可以看出,农业相关政策和生产条件的改变及其效果显现,大约有 1～2 年的滞后期。子系统经过短暂的无序状态后,逐步恢复到有序。说明生态环境子系统出现了三次大的转折,子系统基本处于有序状态。

5. 系统协调度及其协同异化特征演化规律

1960～2008 年间,河套灌区农业生产水足迹系统协调度最大值是 1970 年的 0.970,最小值是 2008 年的 0.765。一般情况下,协调度在 1.0～0.9,系统高度协调;协调度在 0.9～0.8,系统良好协调;协调度在 0.8～0.65,系统协调;协调度在 0.65～0.5,系统弱协调;协调度小于 0.5,系统不协调(肖燕和刘凌,2009)。从河套灌区农业生产水足迹系统协调度计算值来看,近 50 年间系统协调度呈现波动性变化,但变化幅度不大,大致可以将其分为两个阶段:第一阶段在 1960～2004 年间,系统协调度大于 0.8,系统处于高度协调和良好协调水平;第二阶段是 2004 年后,系统协调度在 0.8～0.65,系统处于协调水平。系统协调度在 2004 年发生突变,表明在 2004 年前后,河套灌区农业生产水足迹系统异化特征明显。2004 年前,灌区农业生产水足迹系统达到平衡,资源、社会经济和生态环境子系统相互依存,系统协调度较高。2004 年以后,系统协调度变小,是中国农业产业政策和水资源管理发生改变后共同作用的结果。近 50 年中国农业产业政策经历两次大的变动,第一次是 1978 年实施联产承包责任制,第二次是 2004～2006 年实施粮食补贴政策和取消农业税。以 1999 年 3 月黄河水利委员会统一调度黄河水量为分界点,将黄河水资源管理分为两个阶段,1999 年以后黄河水资源管理较以前更加严格。河套灌区农业生产水足迹系统协调度在 2004 年发生突变,是中国农业产业政策和水资源管理双重作用的结果。

第4章　河套灌区农业生产阈值

4.1　近50年河套灌区种植系统演化分析

区域作物种植结构形成是一个漫长的过程,是农民种植习惯、膳食结构、政府政策引导及科技发展水平等因素相互作用的结果,也是适应灌区水土资源条件和气候因素等客观条件的必然选择;既是种植主体偏好的结果,也是市场、政府政策及科技发展水平等制约和驱动的产物。灌区对于中国粮食安全有着举足轻重的作用,截止2011年底中国灌溉面积0.668亿 hm^2 ,其中耕地灌溉面积0.615亿 hm^2 ,占耕地总面积的50.5%(姚宛艳等,2013)。灌区种植系统与资源、生态环境和社会经济关系复杂,深入挖掘这种复杂关系内在的规律性,有助于探索种植结构的形成机制,探索种植结构调整的方向。灌区种植系统在演化过程中,与资源、生态环境和社会经济系统关系密切,他们既相互关联,又彼此独立,共同组成了灌区种植系统的结构演化体系。在以往的种植系统研究中(陈兆波,2008;王婧,2009;王玉宝,2010),人们多关注不同约束条件下的种植结构调整,而对种植系统演化过程缺乏清晰的认识,虽然研究成果众多,但在实际农业生产难以推广实施。实际上灌区种植系统有着复杂的演化过程,其结构调整也不是一蹴而就的事情,种植结构是诸多利益群体相互博弈的结果,受到经济效益、水土资源匹配、环境及气候变化的驱动和约束。曹连海等(2014)以内蒙古河套灌区为研究对象,根据协同学支配原理,分别在作物种植系统资源环境、社会经济和种植结构子系统设置了序参量,利用基于协同学原理的种植系统演化特征识别模型,计算了河套灌区1960~2008年种植系统的有序度和协调度,分析了系统协调度变化规律,揭示了该系统的协同异化规律,提出了种植结构合理阈值区间。

种植系统是典型的复合系统,由资源环境、社会经济和种植结构子系统组成,该系统结构复杂,作用方式多样,难以准确把握。其演化是各子系统长期演化和相互关系转化的结果,其演化特征是各子系统相互联系、相互制约和相互支持关系的集中体现,这种关系左右着系统相变特征和规律(刘丙军等,2011)。若片面强调某个子系统的价值,会导致子系统间发展不协调,反而使整个系统紊乱,甚至崩溃,只有各子系统协同才能促进整个系统协调发展。协同学的出现,为研究这种复杂关系和复合系统演化特征提供了很好的工具(哈肯,1989;范斐等,2013)。按照上一章研究农业生产水足迹系统的方法,研究内蒙古河套灌区种植系统协同异化特征演化规律,提出种植结构合理阈值区间,有助于丰富和完善灌区种植系统响应理论基础,探索种植结构调整的方向,在研究种植系统演化特征和保证粮食安全的种植结构基础上,计算和分析河套灌区的农业经济用水量和作物经济需水量,确定河套灌区农业生产水足迹控制标准。

4.1.1　序参量的选择

分析灌区种植系统演化规律就是研究不同时期 3 个子系统(资源环境、社会经济和种植结构)序参量的协调度,系统序参量是根本变量,决定着系统相变进程,在系统演化中起着决定作用。序参量数量较少,衰减变化较慢,但却主宰着整个系统演变的方向,决定系统的有序状态,其协同作用左右着系统相变的特征与规律。灌区种植系统复杂,根据其特点和序参量的概念选择序参量。

1. 资源环境子系统

灌区是水-土资源高度匹配的农产品生产区,水-土资源相互匹配和相互制约的特点(王丽霞等,2011),构造了资源环境子系统的结构和转换关系,综合考虑资源环境子系统自然属性和社会属性,选用广义水资源利用率、环境用水保证率和水资源-耕地基尼系数作为资源环境子系统序参量。

（1）广义水资源利用率按照下式计算:

$$WF_{ue} = \frac{WF_{blue} + WF_{green}}{Q + WF_{green}} \tag{4-1}$$

式中,WF_{ue} 为广义水资源利用率,%;WF_{blue} 为农业生产蓝水足迹(吴普特等,2013),m^3;WF_{green} 为农业生产绿水足迹(Sun et al.,2013b),m^3;Q 为河套灌区净引黄河水量,m^3。

（2）环境用水保证率按照下式计算:

$$\eta_e = \frac{Q_{au}}{Q_{au} + WF_{grey}} \times 100\% \tag{4-2}$$

式中，η_e 为环境用水保证率，%；Q_{au} 为河套灌区秋浇用水量，m³；WF_{grey} 农业生产灰水足迹（曹连海等，2014），m³。

（3）水资源-耕地基尼系数（刘德地和陈晓宏，2008）按照下式计算：

$$G = 1 - \sum_{i=1}^{3} (X_i - X_{i-1})(Y_i - Y_{i-1}) \tag{4-3}$$

式中，G 为水资源-耕地基尼系数；X_i 为粮食作物、经济作物和林牧占用农业水资源的累计百分比；Y_i 为粮食作物、经济作物和林牧占用土地资源的累计百分比；i 为作物类型，$i=1$ 时，$(X_{i-1}, Y_{i-1}) = (0,0)$。

2. 社会经济子系统

社会经济子系统序参量的设置与农业生产水足迹系统演化一节相同。

3. 种植结构子系统

近 50 年来河套灌区种植结构发生了深刻的变化，在粮食作物中水稻、高粱、谷子等品种逐渐消失，夏杂和秋杂种植面积萎缩很快，而玉米的种植面积却增加了 3 倍；在经济作物中，增加了瓜类、番茄、甜菜和葵花等品种，种植面积增加较快。河套灌区居民的口粮作物以小麦为主，杂粮为辅；动物饲料1995 年之前以牧草为主，1995 年之后以牧草和玉米为主；因此，将粮食作物分为口粮作物和饲料粮食作物。根据河套灌区种植结构特点，选择粮食自给系数、经济作物百分比和口粮自给系数作为序参量。

（1）粮食自给系数计算公式为

$$\mu_g = \frac{Q_{gp}}{Q_{gr}} \tag{4-4}$$

式中，μ_g 为粮食自给系数；Q_{gp} 为粮食生产量，kg；Q_{gr} 为粮食需要量，kg。

（2）经济作物百分比计算公式为

$$\mu_e = \frac{F_{ep}}{F_{ap}} \times 100\% \tag{4-5}$$

式中，μ_e 为经济作物百分比，%；F_{ep} 为经济作物种植面积，hm²；F_{ap} 为农作物种植面积，hm²。

（3）口粮自给系数计算公式为

$$\mu_p = \frac{Q_{fp}}{Q_{fr}} \tag{4-6}$$

式中，μ_p 为口粮自给系数；Q_{fp} 为口粮生产量，kg；Q_{fr} 为口粮食需要量，kg。

4. 序参量阈值

序参量的上下阈值范围是指该参量的最理想和最不理想的状态，参考发达国家经验和前人的研究成果确定（郑文钟和何勇，2005；陈百明和周小萍，2005；李全起等，2010；Mekonnen 和 Hoekstra，2010；吴普特，2011；田园宏等，2013）。种植系统序参量五级阈值区间见表 4-1。

表 4-1　种植系统序参量五级阈值区间

子系统	序参量	类型	I	II	III	IV	V
资源环境子系统	广义水资源利用率/%	逆	>85	85～75	75～65	65～55	<55
	环境用水保证率/%	正	<50	50～65	65～80	80～95	>95
	水资源-耕地基尼系数	逆	>0.6	0.4～0.6	0.3～0.4	0.2～0.3	<0.2
社会经济子系统	粮食单产增产率/%	正	<-15	-15～-4	-4～4	4～15	>15
	粮食生产水足迹/(m³/kg)	逆	>12	8～12	3～8	0.6～3	<0.6
种植结构子系统	粮食自给系数	正	<1	1～2	2～3	3～4	>4
	经济作物百分比/%	逆	>60	35～60	15～35	5～15	<5
	口粮自给系数	正	<1	1～2	2～3	3～4	>4

4.1.2 结果与分析

1. 计算结果

利用前面的计算方法计算 1960～2008 年序参量的值,资源环境和种植结构子系统取 $\lambda_1 = \lambda_2 = \lambda_3 = 1/3$,社会经济子系统取 $\lambda_1 = \lambda_2 = 0.5$,利用式(3-10)～式(3-12)计算各序参量的有序度和各子系统的有序度。利用式(3-13)确定 P 点的坐标,按照式(3-14)和式(3-15)得到各年份的 $d(t)$ 和 $\sigma(t)$ 值,计算结果见表 4-2。

2. 资源环境子系统演化特征分析

1)序参量变化趋势分析

近 50 年来,河套灌区广义水资源利用率基本稳定在 70％左右,但也有逐渐减小的趋势,从 1960 年的 77.64％减小到 2008 年的 63.63％,说明随着河套灌区种植结构的调整,农业生产消耗的水足迹占农业水资源的比例在减小,灌区农业节水潜力在增加。环境用水保证率变化情况可以分成两个阶段,1960～1990 年环境用水保证率逐步下降,从 1960 年的 76.61％减小到 1990 年的 54.67％;1990～2008 年环境用水保证率呈现波动性变化,说明河套灌区农业生产过程中,越来越关注环境。水资源-耕地基尼系数可以分为两个阶段:第一阶段为 1960～1980 年,基尼系数在 0.21～0.27,不同类型农作物占用的耕地资源和农业水资源是基本匹配的;这一阶段粮食作物种植面积占总耕地面积比例在 80％以上,占用农业水资源的比例也在 80％以上,经济作物和林牧的种植比例和占用农业水资源的比例维持在较低的水平;第二阶段是 1985～2008 年,基尼系数大于 0.5,并呈逐年增加的趋势,不同类型农作物占用的耕地资源和农业水资源是高度不平均的,粮食作物的种植比例小于占用农业水资源的比例。以 2008 年为例,粮食作物的种植比例为 38.01％,而占用农业水资源的比例为 43.54％;经济作物的种植比例为 55.39％,而占用农业水资源的比例为 50.20％。

2)子系统演化特征分析

子系统的有序度 1980 年为极大值,2004 年为极小值,其他年份基本稳定在 0.3～0.6 之间。1980 年是以家庭承包经营为基础、统分结合的双层经营体制改革效果显现的一年,农民有了自主经营权,经济作物的种植面积增加到

表 4-2　种植系统子系统有序度和协调度

年份	资源环境子系统				社会经济子系统			种植结构子系统				协调度
	WF_{ue}/m^3	η_e	G	有序度	ρ	WF_g/m^3	有序度	μ_g	μ_e	μ_p	有序度	
1960	77.64	76.61	0.27	0.603	−5.60	9.13	0.79	1.04	6.79	1.59	0.484	0.874
1965	68.01	72.34	0.24	0.596	7.63	5.59	0.41	1.27	4.96	1.77	0.349	0.895
1970	71.45	68.73	0.21	0.501	−10.86	10.10	0.35	0.68	4.40	0.89	0.563	0.911
1975	78.08	65.68	0.22	0.513	10.42	7.05	0.39	0.98	3.96	1.32	0.503	0.944
1980	67.25	64.20	0.22	0.841	3.89	6.01	0.69	0.98	11.18	1.30	0.554	0.883
1985	71.82	67.15	0.51	0.304	12.08	4.47	0.72	1.38	25.13	1.65	0.508	0.830
1990	70.82	54.67	0.50	0.410	5.68	3.52	0.52	1.85	24.64	2.10	0.489	0.954
1995	68.18	89.76	0.52	0.578	3.82	2.47	0.60	2.16	27.62	2.47	0.333	0.879
2000	70.56	60.20	0.55	0.458	2.06	1.30	0.73	2.10	40.02	2.48	0.460	0.872
2004	64.15	69.08	0.57	0.169	1.37	1.10	0.73	2.43	43.49	2.85	0.647	0.753
2008	63.63	89.25	0.55	0.335	2.02	1.05	0.78	2.81	55.39	3.28	0.425	0.808

4.63 万 hm^2,为 1975 年的 2.6 倍;林牧的种植面积大幅减少,仅为 1975 年的 0.28;粮食作物的种植面积为 35.47 万 hm^2,比 1975 年减少 3.32 万 hm^2;种植业占用的耕地面积比 1975 年减少 3.77 万 hm^2,消耗的水足迹总量比 1975 年减小 1.15 亿 m^3;粮食产量比 1975 年增加 2.14 万 t,农业总产值比 1975 年增加 1.91 亿元(1990 年不变价格);子系统在 1980 年处于有序状态。从 1980～2003 年农村经营体制基本上没有大的变化,农村居民人均年纯收入和城市居民差距逐年拉大,二者之比 1980 年为 0.65,2003 年为 0.43,加之农村年轻农民到城市里打工,农业生产以老人、妇女和儿童为主,农民需要缴纳村提留、农业税等,出现了大量撂荒耕地。2004 年与 2000 年相比,农作物播种面积减少 1.79 万 hm^2,粮食种植面积减少 2.1 万 hm^2,农作物消耗的总水足迹减少 8.08 亿 m^3;子系统在 2004 年处于无序状态,正是这种状况的真实体现。2004 年免征农业税改革后,子系统有序度又逐步恢复。

一般情况下,有序度小于 0.2,就认为灌区水土资源匹配合理;有序度在 0.2～0.4,就认为是灌区水土资源匹配基本合理;有序度在 0.4～0.6,认为是灌区水土资源匹配基本不合理;有序度大于 0.6,就认为是灌区水土资源匹配不合理(刘德地和陈晓宏,2008)。因此 2004 年子系统水土资源匹配合理。

3. 社会经济子系统演化特征分析

1) 序参量变化趋势分析

近 50 年来河套灌区粮食单产逐步提高,1975 年前粮食单产波动性较大,减产年份较多,粮食单产增长以恢复性增长为主;1975～1985 年,粮食单产增长以波动性增长为主;1985 年以后,粮食单产年年增加,但增产率逐步减小,说明粮食增产潜力在逐步减小。粮食生产水足迹呈现波动性减小的过程,生产每公斤粮食的耗水量从 1970 年 10.10m^3 减小到 2008 年的 1.05m^3,说明河套灌区水分生产率逐步提高。

2) 子系统演化特征分析

1965～1975 年,子系统有序度小于 0.5,子系统处于无序状态;1980～2008 年,子系统有序度介于 0.52～0.78,子系统处于基本有序或有序状态;总体来看,1965～2008 年子系统有序度增大趋势明显,子系统逐步由无序逐渐走向有序。

4. 种植结构子系统演化特征分析

1) 序参量变化趋势分析

1960～1965 年,灌区粮食自给有余,口粮也能够满足需要;1970～1980年,灌区的粮食不能满足需要,1970 年缺口最大,口粮不能自给;1985～2008年,灌区粮食和口粮自给有余,外售粮食的数量逐年提高,在 2008 年达到最大;主要原因:一是随着灌区社会经济发展水平的提高,人均消耗粮食的数量在减少。1990 年灌区农村居民年均消耗粮食 262kg/人,城市居民年均消耗粮食133.9kg/人,到 2008 年灌区农村居民年均消耗粮食 218kg/人,城市居民年均消耗粮食 106.6kg/人;二是粮食单产提高增加了粮食供给总量。粮食单产 1980年为 1729.74kg/hm^2,1990 年为 4033.73kg/hm^2,2008 年为 5532.28kg/hm^2;2000 年小麦的种植面积仅为 1990 年的 88.5%,而产量却是 1990 年的106.82%。灌区经济作物的种植比例变化较大,大致可以分为三个阶段:1980 年之前种植比例不足 10%,为第一个阶段;1980 年到 2000 年间,种植比例在 10%～30%,为第二阶段;第三阶段是 2000 年之后,种植比例超过 40%。

2) 子系统演化特征分析

近 50 年来子系统有序度基本稳定在 0.33～0.65,在大部分年份中小于0.5,处于无序状态。有序度最大的年份是 2004 年,说明在 2004 年种植结构较优,粮食、经济和林牧农作物种植比例较为合理。

5. 系统协调度及其协同异化特征演化规律

从河套灌区种植系统协调度计算值来看,近 50 年间种植系统协调度呈现波动性变化,但变化幅度不大。1990 年的系统协调度最大,系统处于高度协调水平;而 1990 年三个子系统的有序度在该子系统中并不是最有序的。2004年的系统协调度最小,系统处于协调水平。系统在 2004 年发生突变,表明在2004 年前后,河套灌区种植系统异化特征明显。2004 年前,灌区种植系统达到平衡,资源环境、社会经济和种植结构子系统相互依存,系统协调度较高。2004 年以后,系统协调度变小,是中国农业产业政策和水资源管理发生改变后共同作用的结果。近 50 年中国农业产业政策经历两次大的变动,第一次是1978 年实施联产承包责任制,第二次是 2004～2006 年实施粮食补贴政策和取消农业税。以 1999 年 3 月黄河水利委员会统一调度黄河水量为分界点,将黄河水资源管理分为两个阶段,1999 年以后黄河水资源管理较以前更加严格。河套灌区种植系统协调度在 2004 年发生突变，是中国农业产业政策和水资源管理双重作用的结果。

6. 合理种植结构阈值的确定

在资源环境子系统，2004 年的有序度值最小，水土资源匹配合理；在社会经济子系统中，1980～2008 年有序度值比较稳定；在种植结构子系统中，有序度最大的年份是 2004 年，种植结构比较合理；在种植系统中，协调度最高的年份是 1990 年，最低的年份是 2004 年；因此，可以将 1990 年和 2004 年的种植比例看作种植结构上下阈值。实际上，1990 年粮食作物的种植比例为 62.66%，经济作物的种植比例为 24.64%；2004 年粮食作物的种植比例为 47.82%，经济作物的种植比例为 43.49%；故粮食作物种植比例的阈值区间为 (47.82%，62.66%)，经济作物种植比例的阈值区间为 (24.64%，43.49%)。在这个阈值区间内，灌区的水土资源匹配较为合理，环境压力较小，种植系统处于高度协调或协调水平。

4.2　农业生产水足迹控制标准

4.2.1　农业经济用水量

1. 保证粮食安全水足迹

1) 本地居民粮食需求量

根据王涛和吕昌河 (2012) 研究成果，京津冀 2009 年每日人均需要的主粮量为小麦 225g 和玉米 119g，同处于华北地区的河套灌区膳食结构与京津冀地区接近。2008 年灌区农村居民年均消耗粮食 218kg/人，城市居民年均消耗粮食 106.6kg/人；按照京津冀膳食结构比例折算，农村居民年消耗小麦 142.59kg、玉米 75.41kg，城市居民消耗小麦 69.72kg、玉米 36.88kg；2008 年本地居民的粮食需求量小麦为 19129.74 万 kg、玉米为 10117.55 万 kg。随着生活水平的提高，主粮的需要量会减少，而肉类、水果和牛奶的需要量会增加。从 1990～2008 年粮食消费量分析年均减少量：城市居民 1.34kg、农村居民 2.44kg。2015～2030 年本地居民粮食需求量见表 4-3。

表 4-3　本地居民粮食需求量表

地区	粮食作物	2015		2020		2030	
		人均/kg	总量/万 kg	人均/kg	总量/万 kg	人均/kg	总量/万 kg
农村	小麦	131.42	10842.15	123.44	9986.296	107.48	7502.104
	玉米	69.50	5733.75	65.28	5281.152	56.84	3967.432
城镇	小麦	63.59	5443.304	59.21	6359.154	50.44	5417.256
	玉米	33.63	2878.728	31.31	3362.694	26.68	2865.432
合计	小麦		16285.45		16345.45		12919.36
	玉米		8612.478		8643.846		6832.864

2）粮食生产能力

（1）总生产能力。根据《全国新增 1000 亿斤粮食生产规划（2009—2020年）》（国家发展和改革委员会，2009），2020 年比 2008 年增产 500 亿 kg。内蒙古被划分在核心区中的东北区，东北区增产任务为 150.5 亿 kg；耕地 0.227亿 hm²。按照耕地比例折算，河套灌区的增产任务为 4.657 亿 kg。

2010 年河套灌区粮食产量为小麦 71615.5 万 kg、玉米 172303.3 万 kg。按照 2010 年粮食生产结构折算，灌区增产任务为小麦 0.419 亿 kg、玉米1.007 亿 kg。2020 年粮食生产能力为小麦 7.580 亿 kg、玉米 18.237 亿 kg。可能外售量为小麦 5.946 亿 kg、玉米 17.373 亿 kg。2015 年按照增产任务的0.6 计算，粮食生产能力为小麦 7.413 亿 kg、玉米 17.835 亿 kg；可能外售量为小麦 5.784 亿 kg、玉米 16.973 亿 kg。2030 年按照增产任务的 1.2 倍计算，粮食生产能力为小麦 7.664 亿 kg、玉米 18.439 亿 kg；可能外售量为小麦6.372 亿 kg、玉米 17.756 亿 kg。

（2）单位面积生产能力。根据上节的计算结果，粮食作物合理种植比例的阈值区间为（47.82%，62.66%）。2010 年粮食作物种植面积为小麦 13.077万 hm²、玉米 17.230 万 hm²；农作物播种面积 63.3027 万 hm²，粮食作物播种面积 31.5851 万 hm²，粮食作物种植比例为 49.90%，在粮食作物合理种植比例的阈值区间范围内。2002～2010 年小麦单产基本稳定在 5310～5560kg/hm²，平均单产为 5456.755kg/hm²；玉米单产基本稳定在 9610～11090kg/hm²，平均单产为 9924.974kg/hm²。假设 2015、2020 和 2030 年的小麦单产比 2002～2010 年均值增加 2%、3% 和 4%，则小麦的单产分别为 5565.89kg/hm²、5620.46kg/hm² 和 5675.03kg/hm²（蔡承智等，2008）；玉米单产比 2002～2010

年均值增加 4%、6% 和 8%，则玉米的单产分别为 10321.97kg/hm²、10520.47kg/hm² 和 10718.97kg/hm²（王立春等，2010）。

3）保证粮食安全所需水资源量

（1）水分利用率。

采用操信春等（2012；2014）研究成果，计算河套灌区水分生产率，见表 4-4。

表 4-4　河套灌区水分生产率表　　　　　（单位：kg/m³）

作物	2008	2015		2020		2030	
		$P=50\%$	$P=75\%$	$P=50\%$	$P=75\%$	$P=50\%$	$P=75\%$
小麦	0.715	0.652	0.588	0.738	0.663	0.847	0.759
玉米	1.328	1.156	1.072	1.323	1.225	1.535	1.420

（2）需要的水足迹。

2015～2030 年灰水足迹按照水足迹量的 10%、8% 和 6% 计，保证粮食安全所需的水足迹见表 4-5。

表 4-5　保证粮食安全所需水足迹

作物	项目	2015		2020		2030	
		$P=50\%$	$P=75\%$	$P=50\%$	$P=75\%$	$P=50\%$	$P=75\%$
小麦	θ/(kg/m³)	0.652	0.588	0.738	0.663	0.847	0.759
	总产量/亿 kg	7.413		7.580		7.664	
	水足迹/亿 m³	12.51	13.88	11.10	12.34	9.60	10.71
玉米	θ/(kg/m³)	1.156	1.072	1.323	1.225	1.535	1.420
	总产量/亿 kg	17.835		18.237		18.439	
	水足迹/亿 m³	16.97	18.30	14.89	16.08	12.73	13.77

2. 农业经济用水量的确定

1）作物种植结构

按照 2010 年的种植结构比例，根据生产能力和单产，在保证粮食安全条件下，2015 年、2020 年和 2030 年的农作物播种面积为 63.912 万 hm²、64.377 万 hm² 和 64.138 万 hm²，其种植结构见表 4-6。

表 4-6　保证粮食安全的作物种植结构　　（单位：万 hm^2）

水平年	粮食作物播种面积				经济作物播种面积						牧草
	小麦	玉米	夏杂	秋杂	瓜类	蔬菜	番茄	甜菜	葵花	油料	
2015	13.319	17.279	0.509	0.782	4.328	0.995	3.982	0.911	16.388	5.152	0.269
2020	13.486	17.335	0.512	0.788	4.359	1.002	4.011	0.918	16.506	5.189	0.271
2030	13.505	17.202	0.510	0.785	4.346	0.999	3.998	0.915	16.455	5.173	0.270

2）水足迹总量

在保证粮食安全条件下，2015 年、2020 年和 2030 年的水足迹总量见表 4-7、表 4-8。

3）农业经济用水量

表 4-7　$P＝50\%$ 时保证粮食安全的水足迹　　（单位：亿 m^3）

水平年	粮食作物				经济作物						牧草
	小麦	玉米	夏杂	秋杂	瓜类	蔬菜	番茄	甜菜	葵花	油料	
2015	12.51	16.97	0.197	0.378	1.670	0.322	1.432	0.384	6.289	1.561	0.103
2020	11.10	14.89	0.194	0.374	1.551	0.310	1.347	0.369	5.997	1.414	0.100
2030	9.60	12.73	0.190	0.366	1.361	0.292	1.209	0.345	5.521	1.181	0.095

表 4-8　$P＝75\%$ 时保证粮食安全的水足迹　　（单位：亿 m^3）

水平年	粮食作物				经济作物						牧草
	小麦	玉米	夏杂	秋杂	瓜类	蔬菜	番茄	甜菜	葵花	油料	
2015	13.88	18.30	0.185	0.368	1.622	0.312	1.390	0.373	6.188	1.512	0.098
2020	12.34	16.08	0.186	0.371	1.533	0.306	1.331	0.365	6.011	1.393	0.097
2030	10.71	13.77	0.182	0.363	1.343	0.288	1.194	0.341	5.535	1.160	0.091

由表 4-7 可知，在平水年（$P＝50\%$）时，2015 年、2020 年和 2030 年的农业经济用水量分别为 41.816 亿 m^3、37.646 亿 m^3 和 32.890 亿 m^3。由表 4-8 可知，在一般干旱年（$P＝75\%$）时，2015 年、2020 年和 2030 年的农业经济用水量分别为 44.228 亿 m^3、40.013 亿 m^3 和 34.977 亿 m^3。

4.2.2　作物经济需水量

作物经济需水量是作物水分生产函数第一个拐点的值，作物水分生产函数描述了水-作物产量的数学关系(郑健等,2009)。作物水分生产函数多采用试验和模型的研究方法,主要研究作物产量与全生育期或生育期各阶段蒸腾蒸发量间的关系,该关系受到时间和空间的约束(崔远来等,2002),把一个点的数据作为整个区域的值很难让人信服,特别是河套灌区这种特大型灌区,不能用一个点或几个点的数据来表征整个灌区。作物经济需水量可以用作物水分生产函数求取,但所求得的值也很难真实反映作物产量与水分消耗的关系,因为试验手段、地点、环境和作物品种都会影响作物经济需水量的大小,而人们的灌溉技术和管理技术水平、工程技术措施等也影响着作物经济需水量。因此,傅国斌等采用不同系数估算主要作物的经济需水量(傅国斌等,2003)。

王伦平等(1993)根据试验资料研究认为,春小麦的全生育期颗间蒸发量为 $1552.5 \sim 1779.0 \text{m}^3/\text{hm}^2$,占需水量的 $33.5\% \sim 40.4\%$。根据王伦平等(1993)研究成果,选择非充分供水系数 $\lambda = 0.7$ 时的作物需水量作为河套灌区作物经济需水量。各作物的经济需水量见表 4-9、表 4-10。

表 4-9　*P*=50%时各作物的经济需水量　　　(单位:mm)

水平年	粮食作物				经济作物						牧草
	小麦	玉米	夏杂	秋杂	瓜类	蔬菜	番茄	甜菜	葵花	油料	
2015	371.21	399.39	268.33	336.36	274.15	221.47	257.45	296.74	267.15	234.28	277.69
2020	371.21	399.39	268.33	336.36	259.20	205.27	246.23	289.27	258.43	229.29	272.70
2030	371.21	399.39	268.33	336.36	235.34	179.43	228.34	277.34	244.51	221.34	264.75

表 4-10　*P*=75%时各作物的经济需水量　　　(单位:mm)

水平年	粮食作物				经济作物						牧草
	小麦	玉米	夏杂	秋杂	瓜类	蔬菜	番茄	甜菜	葵花	油料	
2015	397.98	423.969	253.75	332.647	270.44	217.67	253.74	293.03	267.95	230.57	266.29
2020	397.98	423.969	253.75	332.647	255.49	201.47	242.52	285.56	259.23	225.58	261.30
2030	397.98	423.969	253.75	332.647	231.63	175.63	224.63	273.63	245.31	217.63	253.35

按照保证粮食安全的种植结构,计算各作物的经济需水总量,见表 4-11、表 4-12。

表 4-11 $P=50\%$时各作物的经济需水总量 （单位:万 m³)

水平年	粮食作物				经济作物						牧草
	小麦	玉米	夏杂	秋杂	瓜类	蔬菜	番茄	甜菜	葵花	油料	
2015	49441	69011	1366	2630	11865	2204	10252	2703	43781	12070	747
2020	50061	69234	1374	2651	11299	2057	9876	2655	42656	11898	739
2030	50132	68703	1368	2640	10228	1793	9129	2538	40234	11450	715

表 4-12 $P=75\%$时各作物的经济需水总量 （单位:万 m³)

水平年	粮食作物				经济作物						牧草
	小麦	玉米	夏杂	秋杂	瓜类	蔬菜	番茄	甜菜	葵花	油料	
2015	53007	73258	1292	2601	11705	2166	10104	2670	43912	11879	716
2020	53672	73495	1299	2621	11137	2019	9727	2621	42789	11705	708
2030	53747	72931	1294	2611	10067	1755	8981	2504	40366	11258	684

由表 4-11 可以得到:在平水年($P=50\%$)灌区作物经济需水总量为 2015 年 20.607 亿 m³、2020 年 20.450 亿 m³、2030 年 19.893 亿 m³。由表 4-12 可以得到:在一般干旱年($P=75\%$)灌区作物经济需水总量为 2015 年 21.331 亿 m³、2020 年 21.179 亿 m³、2030 年 20.620 亿 m³。

4.2.3 阈值区间

根据农业生产水足迹控制标准的计算方法,其阈值区间为[作物经济需水量,农业经济用水量]。在保证粮食安全情况下,农业生产水足迹控制标准阈值区间:

$P=50\%$ 时,2015 年为[20.607,41.816]亿 m³、2020 年为[20.450,37.646]亿 m³、2030 年为[19.893,32.890]亿 m³。

$P=75\%$ 时,2015 年为[21.331,44.228]亿 m³、2020 年为[21.179,40.013]亿 m³、2030 年为[20.620,34.977]亿 m³。

4.3　种植业水资源可利用量

4.3.1　蓝水

1. 蓝水水资源量

在 $P=50\%$水文年时,河套灌区蓝水资源量为地表水 0.694 亿 m³,地下水 6.673 亿 m³,引黄河水 40 亿 m³;蓝水资源总量为 47.367 亿 m³。在 $P=$ 75% 水文年时,河套灌区蓝水资源量为地表水 0.615 亿 m³,地下水 6.005 亿 m³, 引黄河水 40 亿 m³;蓝水资源总量为 46.620 亿 m³。

2. 用水需求

1) 居民用水

河套灌区城镇人口从 2000 年的 63.24 万人增加到 2008 年的 77.49 万人,年均增加 2.57%;农村人口从 2000 年的 108.14 万人减少到 2008 年的 96.27 万人,年均减少 1.44%;到 2012 年城镇人口为 83.8 万人、农村人口 83.1 万人。居民人均用水量 2001 年为 88.58L/(人·d),2008 年为 123.93L/(人·d)。2015～2030 年居民用水量预测值见表 4-13。

表 4-13　居民用水量预测表

水平年	城市			农村			合计 /10⁸m³
	人口 /万人	日人均用 水量/L	生活用水 量/10⁸m³	人口 /万人	日人均用 水量/L	生活用水 量/10⁸m³	
2015	85.6	110	0.3437	82.5	80	0.2409	0.5846
2020	92.7	115	0.3891	80.9	90	0.2658	0.6549
2030	107.4	120	0.4704	69.8	100	0.2548	0.7252

2) 工业用水

第二产业产值 2005 年为 83.56 亿元、2008 年为 229.61 亿元、2012 年为 478.8 亿元;第三产业产值 2005 年为 67.07 亿元、2008 年为 116.8 亿元、2012 年为 183.3 亿元(巴彦淖尔市统计局,2005—2012)。工业用水量 2005 年为 0.774 亿 m³、2008 年为 0.958 亿 m³、2012 年为 1.040 亿 m³。万元产值用水量 2005 年为 51.38m³、2008 年为 27.66m³、2012 年为 15.71m³(巴彦淖尔市水务局、内蒙古河套灌区管理总局,2002—2012)。2015～2030 年工业用水量预测值见表 4-14。

表 4-14　工业用水量预测表

水平年	第二产业 /亿元	第三产业 /亿元	工业产值 /亿元	万元产值用水 量/m³	工业用水 量/亿 m³
2015	637.28	243.97	881.26	15	1.322
2020	958.25	366.85	1325.11	14	1.855
2030	1407.99	539.02	1947.01	12	2.336

3）生态环境用水

生态环境用水包括生态补水和秋浇用水。生态补水量 2004 年为 1.095 亿 m³，2008 年为 1.313 亿 m³、2012 年为 1.29 亿 m³。根据王效科等（2004）的研究成果，维持乌梁素海盐分不变的生态需水量为 1.82 亿 m³。而实际上乌梁素海的生态补水量 2004 年为 0.869 亿 m³、2008 年为 0.353 亿 m³，说明河套灌区生态补水量满足不了实际需要，需要有所增加。假定 2015 年、2020 年和 2030 年满足乌梁素海生态需水的 60%、70% 和 90%，牧羊海和乌兰布和等保持在 2008 年水平，则河套灌区的生态用水量 2015 为 2.052 亿 m³、2020 年为 2.234 亿 m³、2030 年为 2.598 亿 m³。秋浇用水主要用于压盐、补充地下水和土壤水，秋浇用水多年来维持在 15 亿 m³ 左右。根据 1960～2008 年河套灌区秋浇用水量变化趋势分析，2015～2030 年秋浇用水量基本维持在 2008 年的水平，也就是 15.158 亿 m³。因此，2015 年、2020 年和 2030 年的生态环境用水量分别为 17.210 亿 m³、17.392 亿 m³ 和 17.756 亿 m³。

4）畜牧用水

1949～2010 牲畜的养殖数量增加了 7.69 倍，1949～1980 年年均增加 4.01%，1980～2000 年年均增加 5.95%，2000～2010 年年均增加 1.22%。2000～2010 年年均增加牛马等大牲畜为 0.12%、羊为 1.81%、猪为 −3.22%。按照 2000～2010 年年均增长率预测 2015～2030 年的牲畜养殖量，用水定额为大牲畜 80L/（头·d）、羊 10L/（头·d）、猪 40L/（头·d）。畜牧用水量见表 4-15。

表 4-15　畜牧用水量预测表

水平年	养殖数量/万头			用水量/万 m³			合计 /亿 m³
	大牲畜	羊	猪	大牲畜	羊	猪	
2015	23.88	720.50	38.77	697.30	2629.83	566.03	0.389
2020	24.17	862.06	27.95	705.76	3146.53	408.03	0.426
2030	24.46	1031.44	20.15	714.23	3764.75	294.14	0.477

5）种植业蓝水资源

种植业蓝水资源可利用量见表 4-16。

表 4-16　种植业蓝水资源可利用量预测表

水平年	蓝水资源量		生活用水	工业用水	生态环境用水	畜牧用水	种植业蓝水可利用量	
	$P=50\%$	$P=75\%$					$P=50\%$	$P=75\%$
2015	47.367	46.620	0.5846	1.322	17.210	0.389	27.861	27.114
2020	47.367	46.620	0.6549	1.855	17.392	0.426	27.039	26.292
2030	47.367	46.620	0.7252	2.336	17.756	0.477	26.073	25.326

由表 4-16 可以得到，$P=50\%$ 时，2015 年、2020 年和 2030 年种植业蓝水资源可利用量分别为 27.861 亿 m³、27.039 亿 m³ 和 26.073 亿 m³；$P=75\%$ 时，2015 年、2020 年和 2030 年种植业蓝水资源可利用量分别为 27.114 亿 m³、26.292 亿 m³ 和 25.326 亿 m³。

4.3.2　绿水

1. 有效降水

在保证粮食安全的条件下，灌区的有效降水资源量见表 4-17、表 4-18。由表 4-17 可以得到，$P=50\%$ 时，2015 年、2020 年和 2030 年作物生育期有效降水资源量分别为 5.786 亿 m³、5.827 亿 m³ 和 5.806 亿 m³。由表 4-18 可以得到，$P=75\%$ 时，2015 年、2020 年和 2030 年作物生育期有效降水资源量分别为 5.396 亿 m³、5.433 亿 m³ 和 5.413 亿 m³。

表 4-17　$P=50\%$ 时作物生育期有效降水资源量表　　　（单位：万 m³）

水平年	粮食作物				经济作物						牧草
	小麦	玉米	夏杂	秋杂	瓜类	蔬菜	番茄	甜菜	葵花	油料	
2015	9849.4	16473.8	389.4	578.3	4126.3	948.6	3796.4	868.5	15624.3	4911.6	297.9
2020	9972.9	16527.2	391.7	582.7	4155.9	955.4	3823.8	874.8	15737.3	4947.1	300.1
2030	9986.9	16400.7	390.2	580.6	4143.5	952.5	3812.0	872.1	15688.6	4931.8	299.0

表 4-18　$P=75\%$ 时作物生育期有效降水资源量表　　　（单位：万 m³）

水平年	粮食作物				经济作物						牧草
	小麦	玉米	夏杂	秋杂	瓜类	蔬菜	番茄	甜菜	葵花	油料	
2015	7907.5	15832.7	393.5	464.3	3965.7	911.6	3648.7	834.7	15016.3	4720.5	267.3
2020	8006.6	15884.1	395.8	467.8	3994.2	918.2	3675.0	840.8	15124.9	4754.6	269.2
2030	8017.9	15762.2	394.3	466.1	3982.2	915.4	3663.7	838.2	15078.1	4739.9	268.2

2. 秋浇产生的土壤水

根据郝芳华等研究成果(郝芳华等,2008),河套灌区秋浇期土壤水补给量为 66.66mm,消耗量为潜水蒸发 49.9mm、地下排水 2.6mm,增加土壤水 14.16mm。若按照保证粮食安全的农作物种植面积计算,秋浇增加土壤水资源为 2015 年 0.905 亿 m^3、2020 年 0.912 亿 m^3、2030 年 0.908 亿 m^3。这部分土壤水有 0.65mm 被开采利用,仅有 13.5mm 能够为作物利用。

3. 绿水

$P=50\%$ 时,2015 年、2020 年和 2030 年作物生育期绿水资源量分别为 6.691 亿 m^3、6.739 亿 m^3 和 6.714 亿 m^3;$P_s=75\%$ 时,2015 年、2020 年和 2030 年作物生育期有效降水资源量分别为 6.301 亿 m^3、6.345 亿 m^3 和 6.321 亿 m^3。

4.3.3　水资源总量

水资源总量见表 4-19。将水资源总量与经济用水量和作物需水总量相比较,可以看出水资源总量均大于作物经济需水总量。

表 4-19　水资源总量表　　　　　　　　　（单位:亿 m^3）

水平年	$P=50\%$			$P=75\%$		
	蓝水	绿水	总量	蓝水	绿水	总量
2015	27.861	6.691	34.552	27.114	6.301	33.415
2020	27.039	6.739	33.778	26.292	6.345	32.637
2030	26.073	6.714	32.787	25.326	6.321	31.647

第5章 河套灌区农业节水潜力

5.1 保证粮食安全下的农业节水潜力

5.1.1 农业生产水足迹

按照保证粮食安全下的种植结构,计算农业生产水足迹,见表5-1和表5-2。由表5-1可以得到,在平水年($P=50\%$),农业生产水足迹为2015年49.258亿 m³、2020年41.857亿 m³、2030年33.485亿 m³。由表5-2可以得到,在一般干旱年($P=75\%$),农业生产水足迹为2015年51.903亿 m³、2020年44.031亿 m³、2030年34.485亿 m³。

表5-1　$P=50\%$时农业生产水足迹　　　（单位:亿 m³）

水平年	粮食作物				经济作物						牧草
	小麦	玉米	夏杂	秋杂	瓜类	蔬菜	番茄	甜菜	葵花	油料	
2015	12.478	16.933	0.235	0.433	2.681	0.465	2.275	0.624	10.371	2.600	0.162
2020	10.345	13.908	0.211	0.391	2.320	0.391	1.998	0.561	9.229	2.355	0.147
2030	8.100	10.810	0.179	0.332	1.838	0.295	1.627	0.475	7.678	2.022	0.127

表5-2　$P=75\%$时农业生产水足迹　　　（单位:亿 m³）

水平年	粮食作物				经济作物						牧草
	小麦	玉米	夏杂	秋杂	瓜类	蔬菜	番茄	甜菜	葵花	油料	
2015	13.850	18.269	0.227	0.430	2.664	0.461	2.259	0.620	10.385	2.579	0.159
2020	11.483	15.006	0.203	0.387	2.302	0.387	1.982	0.557	9.244	2.334	0.144
2030	8.805	11.436	0.168	0.323	1.787	0.285	1.581	0.462	7.550	1.965	0.122

5.1.2 农业节水潜力

根据上面的计算结果,计算农业节水潜力,计算结果见表5-3。由表5-3可以看出,在一般干旱年($P=75\%$)农业经济用水量大于农业生产水足迹,需要增加供水,缓解环境压力。由表5-3可以得到:在平水年($P=50\%$),农业节水潜力阈值区间为 2015 年[7.442,28.651]亿 m³、2020 年[4.211,21.407]亿 m³、2030 年[0.595,13.592]亿 m³;在一般干旱年($P=75\%$),农业节水潜力阈值区间为 2015 年[7.675,30.572]亿 m³、2020 年[4.018,22.852]亿 m³、2030 年[0,13.865]亿 m³。

表 5-3　农业节水潜力表　　　　　　　　(单位:亿 m³)

$P/\%$	水平年	农业生产水足迹	农业经济用水量	区间小值	作物经济需水量	区间大值
	2015	49.258	41.816	7.442	20.607	28.651
50	2020	41.857	37.646	4.211	20.450	21.407
	2030	33.485	32.890	0.595	19.893	13.592
	2015	51.903	44.228	7.675	21.331	30.572
75	2020	44.031	40.013	4.018	21.179	22.852
	2030	34.485	34.977	−0.492	20.620	13.865

5.2　合理种植结构下的农业节水潜力

5.2.1　农业生产水足迹

1. 合理种植结构区间下限值

1)种植结构

根据上一章的研究结果,合理种植结构区间下限值为粮食作物种植比例 47.82%、经济作物种植比例 43.49%。在完成国家粮食增产任务条件下,灌区种植结构见表 5-4。农作物种植面积为 2015 年 66.685 万 hm²、2020 年 67.171 万 hm²、2030 年 66.922 万 hm²;粮食作物种植面积为 2015 年 31.889 万 hm²、2020 年 32.121 万 hm²、2030 年 32.002 万 hm²;经济作物种植面积为 2015 年 29.002 万 hm²、2020 年 29.213 万 hm²、2030 年 29.104 万 hm²。

表 5-4　灌区种植结构表　　　　　　　　(单位:万 hm²)

水平年	粮食作物播种面积				经济作物播种面积						牧草
	小麦	玉米	夏杂	秋杂	瓜类	蔬菜	番茄	甜菜	葵花	油料	
2015	13.319	17.279	0.509	0.782	3.953	0.909	3.637	0.832	14.967	4.705	5.795
2020	13.486	17.335	0.512	0.788	3.981	0.915	3.663	0.838	15.075	4.739	5.837
2030	13.505	17.202	0.510	0.785	3.967	0.912	3.649	0.835	15.019	4.722	5.816

2) 农业生产水足迹

农业生产水足迹见表 5-5、表 5-6。

表 5-5　P＝50%时农业生产水足迹表　　　（单位：亿 m³）

水平年	粮食作物				经济作物						牧草
	小麦	玉米	夏杂	秋杂	瓜类	蔬菜	番茄	甜菜	葵花	油料	
2015	12.478	16.933	0.235	0.433	2.449	0.425	2.078	0.570	9.471	2.375	3.490
2020	10.345	13.908	0.211	0.391	2.119	0.358	1.825	0.512	8.429	2.151	3.174
2030	8.100	10.810	0.179	0.332	1.678	0.269	1.485	0.433	7.009	1.846	2.743

由表 5-5 可以得到，在平水年（$P＝50\%$），农业生产水足迹为 2015 年 50.937 亿 m³、2020 年 43.423 亿 m³、2030 年 34.884 亿 m³。

表 5-6　P＝75%时灌区农业生产水足迹表　　　（单位：亿 m³）

水平年	粮食作物				经济作物						牧草
	小麦	玉米	夏杂	秋杂	瓜类	蔬菜	番茄	甜菜	葵花	油料	
2015	13.850	18.269	0.227	0.430	2.433	0.421	2.063	0.566	9.484	2.356	3.418
2020	11.483	15.006	0.203	0.387	2.103	0.354	1.810	0.509	8.442	2.132	3.103
2030	8.805	11.436	0.168	0.323	1.631	0.260	1.443	0.422	6.892	1.793	2.622

由表 5-6 可以得到，在一般干旱年（$P＝75\%$），农业生产水足迹为 2015 年 53.516 亿 m³、2020 年 45.533 亿 m³、2030 年 35.795 亿 m³。

2. 合理种植结构区间上限值

1) 种植结构

根据上一章的研究结果，种植结构上限值为粮食作物种植比例 62.66%、经济作物种植比例 24.64%。在此比例下，灌区种植面积仅需为：2015 年 50.892 万 hm²、2020 年 51.262 万 hm²、2030 年 51.072 万 hm² 就能完成国家粮食增产任务。该面积比 2010 年的农作物种植面积低得多，故仍然按照 2010 年的种植总面积安排灌区种植结构，见表 5-7。

2) 农业生产水足迹

农业生产水足迹见表 5-8、表 5-9。

表 5-7　灌区种植结构表　　　　　（单位：万 hm²）

水平年	粮食作物播种面积				经济作物播种面积						牧草
	小麦	玉米	夏杂	秋杂	瓜类	蔬菜	番茄	甜菜	葵花	油料	
2015	16.567	21.492	0.633	0.973	2.126	0.489	1.956	0.447	8.050	2.531	8.039
2020	16.653	21.406	0.632	0.973	2.126	0.489	1.956	0.448	8.049	2.530	8.039
2030	16.739	21.321	0.632	0.973	2.126	0.489	1.956	0.448	8.049	2.531	8.039

表 5-8　$P=50\%$时农业生产水足迹表　　　　　（单位：亿 m³）

水平年	粮食作物				经济作物						牧草
	小麦	玉米	夏杂	秋杂	瓜类	蔬菜	番茄	甜菜	葵花	油料	
2015	15.521	21.062	0.292	0.539	1.317	0.229	1.118	0.306	5.094	1.277	4.842
2020	12.775	17.174	0.261	0.482	1.131	0.191	0.975	0.274	4.501	1.148	4.372
2030	10.039	13.399	0.222	0.412	0.899	0.144	0.796	0.232	3.756	0.989	3.791

由表 5-8 可以得到，在平水年（$P=50\%$），农业生产水足迹为 2015 年 51.596 亿 m³、2020 年 43.284 亿 m³、2030 年 34.681 亿 m³。

表 5-9　$P=75\%$时农业生产水足迹表　　　　　（单位：亿 m³）

水平年	粮食作物				经济作物						牧草
	小麦	玉米	夏杂	秋杂	瓜类	蔬菜	番茄	甜菜	葵花	油料	
2015	17.227	22.724	0.282	0.535	1.308	0.227	1.110	0.304	5.101	1.267	4.741
2020	14.180	18.530	0.251	0.478	1.123	0.189	0.967	0.272	4.508	1.138	4.273
2030	10.914	14.174	0.209	0.400	0.874	0.140	0.773	0.226	3.693	0.961	3.624

由表 5-9 可以得到，在一般干旱年（$P=75\%$），农业生产水足迹为 2015 年 54.826 亿 m³、2020 年 45.910 亿 m³、2030 年 35.988 亿 m³。

5.2.2　水足迹控制标准

1. 合理种植结构区间下限值

1）农业经济用水量

农业经济用水量见表 5-10、表 5-11。

表 5-10　*P*＝50%时农业经济用水量　　　　（单位:亿 m³）

水平年	粮食作物				经济作物						牧草
	小麦	玉米	夏杂	秋杂	瓜类	蔬菜	番茄	甜菜	葵花	油料	
2015	12.510	16.970	0.197	0.378	1.525	0.294	1.308	0.351	5.744	1.426	2.219
2020	11.100	14.890	0.194	0.374	1.417	0.283	1.230	0.337	5.477	1.291	2.154
2030	9.600	12.730	0.190	0.366	1.242	0.267	1.103	0.315	5.039	1.078	2.046

由表 5-10 可以得到,在平水年(P＝50%),农业经济用水量为 2015 年 42.921 亿 m³、2020 年 38.747 亿 m³、2030 年 33.977 亿 m³。

表 5-11　*P*＝75%时农业经济用水量　　　　（单位:亿 m³）

水平年	粮食作物				经济作物						牧草
	小麦	玉米	夏杂	秋杂	瓜类	蔬菜	番茄	甜菜	葵花	油料	
2015	13.880	18.300	0.185	0.368	1.481	0.285	1.270	0.341	5.651	1.381	2.111
2020	12.340	16.080	0.186	0.371	1.400	0.279	1.216	0.333	5.490	1.272	2.089
2030	10.710	13.770	0.182	0.363	1.226	0.263	1.090	0.311	5.052	1.059	1.960

由表 5-11 可以得到,在一般干旱年(P＝75%),农业经济用水量为 2015 年 45.253 亿 m³、2020 年 41.057 亿 m³、2030 年 35.986 亿 m³。

2) 作物经济需水量

作物经济需水量见表 5-12、表 5-13。

表 5-12　*P*＝50%时作物经济需水量　　　　（单位:亿 m³）

水平年	粮食作物				经济作物						牧草
	小麦	玉米	夏杂	秋杂	瓜类	蔬菜	番茄	甜菜	葵花	油料	
2015	4.944	6.901	0.137	0.263	1.084	0.201	0.936	0.247	3.998	1.102	1.609
2020	5.006	6.923	0.137	0.265	1.032	0.188	0.902	0.242	3.896	1.087	1.592
2030	5.013	6.870	0.137	0.264	0.934	0.164	0.833	0.232	3.672	1.045	1.540

由表 5-12 可以得到,在平水年(P＝50%),作物经济需水量为 2015 年 21.423 亿 m³、2020 年 21.270 亿 m³、2030 年 20.704 亿 m³。

表 5-13　P=75%时作物经济需水量　　（单位：亿 m³）

水平年	粮食作物				经济作物						牧草
	小麦	玉米	夏杂	秋杂	瓜类	蔬菜	番茄	甜菜	葵花	油料	
2015	5.301	7.326	0.129	0.260	1.069	0.198	0.923	0.244	4.010	1.085	1.543
2020	5.367	7.350	0.130	0.262	1.017	0.184	0.888	0.239	3.908	1.069	1.525
2030	5.375	7.293	0.129	0.261	0.919	0.160	0.820	0.228	3.684	1.028	1.473

由表 5-13 可以得到，在一般干旱年（P＝75%），作物经济需水量为 2015 年 22.088 亿 m³、2020 年 21.940 亿 m³、2030 年 21.370 亿 m³。

2. 合理种植结构区间上限值

1）农业经济用水量

农业经济用水量见表 5-14、表 5-15。

表 5-14　P=50%时农业经济用水量　　（单位：亿 m³）

水平年	粮食作物				经济作物						牧草
	小麦	玉米	夏杂	秋杂	瓜类	蔬菜	番茄	甜菜	葵花	油料	
2015	15.561	21.108	0.245	0.470	0.820	0.158	0.703	0.188	3.089	0.767	3.078
2020	13.707	18.387	0.239	0.462	0.756	0.151	0.657	0.180	2.924	0.689	2.966
2030	11.899	15.778	0.235	0.454	0.666	0.143	0.591	0.169	2.701	0.578	2.829

由表 5-14 可以得到，在平水年（P＝50%），农业经济用水量为 2015 年 46.188 亿 m³、2020 年 41.120 亿 m³、2030 年 36.042 亿 m³。

表 5-15　P=75%时农业经济用水量　　（单位：亿 m³）

水平年	粮食作物				经济作物						牧草
	小麦	玉米	夏杂	秋杂	瓜类	蔬菜	番茄	甜菜	葵花	油料	
2015	17.265	22.762	0.230	0.458	0.797	0.153	0.683	0.183	3.040	0.743	2.929
2020	15.238	19.856	0.230	0.458	0.748	0.149	0.649	0.178	2.931	0.679	2.877
2030	13.275	17.067	0.226	0.450	0.657	0.141	0.584	0.167	2.707	0.568	2.709

由表 5-15 可以得到，在一般干旱年（P＝75%），农业经济用水量为 2015 年 49.242 亿 m³、2020 年 43.994 亿 m³、2030 年 38.551 亿 m³。

2）作物经济需水量

作物经济需水量见表 5-16、表 5-17。

表 5-16　P＝50%时作物经济需水量　　（单位：亿 m³）

| 水平年 | 粮食作物 | | | | 经济作物 | | | | | | 牧草 |
	小麦	玉米	夏杂	秋杂	瓜类	蔬菜	番茄	甜菜	葵花	油料	
2015	6.150	8.584	0.170	0.327	0.583	0.108	0.504	0.133	2.151	0.593	2.232
2020	6.182	8.549	0.170	0.327	0.551	0.100	0.482	0.130	2.080	0.580	2.192
2030	6.214	8.515	0.170	0.327	0.500	0.088	0.447	0.124	1.968	0.560	2.128

由表 5-16 可以得到，在平水年（$P＝50\%$），作物经济需水量为 2015 年 21.534 亿 m³、2020 年 21.343 亿 m³、2030 年 21.041 亿 m³。

表 5-17　P＝75%时作物经济需水量　　（单位：亿 m³）

| 水平年 | 粮食作物 | | | | 经济作物 | | | | | | 牧草 |
	小麦	玉米	夏杂	秋杂	瓜类	蔬菜	番茄	甜菜	葵花	油料	
2015	6.593	9.112	0.161	0.324	0.575	0.106	0.496	0.131	2.157	0.584	2.141
2020	6.628	9.075	0.160	0.324	0.543	0.099	0.474	0.128	2.087	0.571	2.101
2030	6.662	9.039	0.160	0.324	0.492	0.086	0.439	0.123	1.975	0.551	2.037

由表 5-17 可以得到，在一般干旱年（$P＝75\%$），作物经济需水量为 2015 年 22.380 亿 m³、2020 年 22.189 亿 m³、2030 年 21.888 亿 m³。

5.2.3　农业节水潜力

1. 种植结构下限值

农业节水潜力见表 5-18。

表 5-18　农业节水潜力表　　（单位：亿 m³）

P/%	水平年	农业生产水足迹	农业经济用水量	区间小值	作物经济需水量	区间大值
50	2015	50.937	42.921	8.015	21.423	29.514
	2020	43.423	38.747	4.676	21.270	22.153
	2030	34.884	33.977	0.907	20.704	14.180
75	2015	53.516	45.253	8.263	22.088	31.429
	2020	45.533	41.057	4.476	21.940	23.593
	2030	35.795	35.986	−0.191	21.371	14.424

由表 5-18 看出,在一般干旱年($P=75\%$)时,2030 年的农业经济需水量大于农业生产水足迹,说明需要增加供水缓解环境压力。农业节水潜力阈值区间:在平水年($P=50\%$)为 2015 年[8.015,29.514]亿 m^3、2020 年[4.676,22.153]亿 m^3、2030 年[0.907,14.180]亿 m^3;在一般干旱年($P=75\%$)为2015 年[8.263,31.429]亿 m^3、2020 年[4.476,23.593]亿 m^3、2030 年[0,14.424]亿 m^3。

2. 合理种植结构区间上限值

农业节水潜力见表 5-19。

表 5-19　农业节水潜力表　　　　　　　(单位:亿 m^3)

$P/\%$	水平年	农业生产水足迹	农业经济用水量	区间小值	作物经济需水量	区间大值
50	2015	51.596	46.188	5.408	21.534	30.063
	2020	43.284	41.120	2.164	21.343	21.940
	2030	34.681	36.042	−1.361	21.041	13.639
75	2015	54.826	49.242	5.584	22.380	32.446
	2020	45.910	43.994	1.916	22.189	23.721
	2030	35.988	38.551	−2.563	21.888	14.101

由表 5-19 可以看出 2030 年的农业经济用水量大于农业生产水足迹,需要增加供水缓解环境压力。农业节水潜力阈值区间:在平水年($P=50\%$)为2015 年[5.408,30.063]亿 m^3、2020 年[2.164,21.940]亿 m^3、2030 年[0,13.639]亿 m^3;在一般干旱年($P=75\%$)为 2015 年[5.584,32.446]亿 m^3、2020 年[1.916,23.721]亿 m^3、2030 年[0,14.101]亿 m^3。

5.3　水资源约束下的农业节水潜力

5.3.1　农业生产水足迹

1. 保障粮食安全的蓝水足迹及剩余蓝水资源

1)田间消耗的绿水和蓝水(见表 5-20)

表 5-20　小麦和玉米消耗的蓝水量　　　　（单位:mm)

水平年	作物	P=50%			P=75%		
		绿水		蓝水	绿水		蓝水
		有效降水	土壤水		有效降水	土壤水	
2015	小麦	73.95	13.5	411.15	59.37	13.5	470.23
	玉米	95.34	13.5	420.86	91.63	13.5	461.27
2020	小麦	73.95	13.5	361.29	59.37	13.5	415.92
	玉米	95.34	13.5	367.89	91.63	13.5	404.63
2030	小麦	73.95	13.5	311.43	59.37	13.5	361.61
	玉米	95.34	13.5	314.92	91.63	13.5	347.99

2) 保证粮食安全的蓝水足迹(见表 5-21)

表 5-21　保证粮食安全的蓝水足迹

水平年	作物	P=50%				P=75%			
		蓝水/mm	种植面积/万 hm²	灌溉水利用系数	蓝水足迹/亿 m³	蓝水/mm	种植面积/万 hm²	灌溉水利用系数	蓝水足迹/亿 m³
2015	小麦	411.15	13.319	0.546	10.029	470.23	13.319	0.546	11.471
	玉米	420.86	17.279	0.546	13.319	461.27	17.279	0.546	14.598
2020	小麦	361.29	13.486	0.589	8.272	415.92	13.486	0.589	9.523
	玉米	367.89	17.335	0.589	10.827	404.63	17.335	0.589	11.909
2030	小麦	311.43	13.505	0.675	6.231	361.61	13.505	0.675	7.235
	玉米	314.92	17.202	0.675	8.026	347.99	17.202	0.675	8.868

3) 剩余蓝水

平水年(P=50%)，剩余蓝水为 2015 年 4.513 亿 m³、2020 年 7.939 亿 m³、2030 年 11.817 亿 m³;一般干旱年(P=75%)，剩余蓝水为 2015 年 1.046 亿 m³、2020 年 4.860 亿 m³、2030 年 9.223 亿 m³。

2. 种植结构

由于蓝水可以按照人们的意愿使用,故按照 2010 年的种植结构,用剩余蓝水来确定除小麦和玉米外的其他作物种植面积,总灌溉面积见表 5-22。

表 5-22　剩余蓝水资源可种植除小麦和玉米外其他作物的面积

水平年	$P=50\%$			$P=75\%$		
	2015	2020	2030	2015	2020	2030
其他作物种植 1 万 hm² 消耗的蓝水/万 m³	2372.362	2222.536	2119.411	2372.362	2222.536	2119.411
剩余蓝水/亿 m³	4.513	7.939	11.817	1.046	4.860	9.223
可灌溉面积/万 hm²	19.022	35.722	55.754	4.408	21.868	43.516
可灌溉总面积/万 hm²	49.620	66.543	86.461	35.006	52.689	74.223

由表 5-22 可以看出，在 2030 年的可灌溉总面积超过了 2010 年的耕地面积，因此确定灌溉总面积为 70.14 万 hm²，故 2030 年其他作物的种植总面积为 39.433 万 hm²。

水资源约束下的种植结构见表 5-23、表 5-24。

表 5-23　$P=50\%$时水资源约束下的种植结构　（单位：万 hm²）

水平年	粮食作物				经济作物						牧草
	小麦	玉米	夏杂	秋杂	瓜类	蔬菜	番茄	甜菜	葵花	油料	
2015	13.319	17.279	0.291	0.446	2.471	0.568	2.274	0.520	9.357	2.942	0.154
2020	13.486	17.335	0.545	0.839	4.640	1.067	4.270	0.977	17.571	5.524	0.288
2030	13.505	17.202	0.601	0.925	5.123	1.178	4.713	1.079	19.398	6.098	0.318

表 5-24　$P=75\%$时水资源约束下的种植结构　（单位：万 hm²）

水平年	粮食作物				经济作物						牧草
	小麦	玉米	夏杂	秋杂	瓜类	蔬菜	番茄	甜菜	葵花	油料	
2015	13.319	17.279	0.067	0.103	0.573	0.132	0.527	0.121	2.168	0.682	0.036
2020	13.486	17.335	0.334	0.514	2.841	0.653	2.614	0.598	10.757	3.382	0.177
2030	13.505	17.202	0.601	0.925	5.123	1.178	4.713	1.079	19.398	6.098	0.318

3. 农业生产水足迹

农业生产水足迹见表 5-25、表 5-26。平水年（$P=50\%$），农业生产水足迹为 2015 年 40.743 亿 m³、2020 年 42.993 亿 m³、2030 年 36.091 亿 m³。一般干旱年（$P=75\%$），农业生产水足迹为 2015 年 34.736 亿 m³、2020 年 37.921 亿 m³、2030 年 37.032 亿 m³。

表 5-25　P＝50%时农业生产水足迹　　　（单位：亿 m³）

| 水平年 | 粮食作物 | | | | 经济作物 | | | | | | 牧草 |
	小麦	玉米	夏杂	秋杂	瓜类	蔬菜	番茄	甜菜	葵花	油料	
2015	12.478	16.933	0.134	0.248	1.531	0.266	1.299	0.356	5.921	1.485	0.093
2020	10.345	13.908	0.225	0.416	2.470	0.417	2.127	0.597	9.825	2.507	0.157
2030	8.100	10.810	0.212	0.391	2.167	0.347	1.918	0.560	9.052	2.384	0.150

表 5-26　P＝75%时农业生产水足迹　　　（单位：亿 m³）

| 水平年 | 粮食作物 | | | | 经济作物 | | | | | | 牧草 |
	小麦	玉米	夏杂	秋杂	瓜类	蔬菜	番茄	甜菜	葵花	油料	
2015	13.850	18.269	0.030	0.057	0.352	0.061	0.299	0.082	1.374	0.341	0.021
2020	11.483	15.006	0.132	0.253	1.500	0.253	1.292	0.363	6.024	1.521	0.094
2030	8.805	11.436	0.198	0.381	2.107	0.336	1.864	0.545	8.900	2.316	0.143

5.3.2　水足迹控制标准

1. 农业经济用水量

农业经济用水量见表 5-27、表 5-28。

表 5-27　P＝50%时农业经济用水量　　　（单位：亿 m³）

| 水平年 | 粮食作物 | | | | 经济作物 | | | | | | 牧草 |
	小麦	玉米	夏杂	秋杂	瓜类	蔬菜	番茄	甜菜	葵花	油料	
2015	12.510	16.970	0.112	0.216	0.953	0.184	0.818	0.219	3.591	0.891	0.059
2020	11.100	14.890	0.207	0.398	1.651	0.330	1.434	0.393	6.384	1.505	0.106
2030	9.600	12.730	0.224	0.431	1.604	0.344	1.425	0.407	6.508	1.392	0.112

由表 5-27 可以看出，在平水年（P＝50%），农业经济用水量为 2015 年 36.523 亿 m³、2020 年 38.398 亿 m³、2030 年 34.778 亿 m³。

表 5-28　P＝75%时农业经济用水量　　　（单位：亿 m³）

| 水平年 | 粮食作物 | | | | 经济作物 | | | | | | 牧草 |
	小麦	玉米	夏杂	秋杂	瓜类	蔬菜	番茄	甜菜	葵花	油料	
2015	13.880	18.300	0.024	0.049	0.215	0.041	0.184	0.049	0.819	0.200	0.013
2020	12.340	16.080	0.121	0.242	0.999	0.199	0.867	0.238	3.917	0.908	0.063
2030	10.710	13.770	0.215	0.428	1.583	0.340	1.408	0.402	6.525	1.367	0.107

由表 5-28 可以看出,在一般干旱年($P=75\%$),农业经济用水量为 2015 年 33.774 亿 m³、2020 年 35.975 亿 m³、2030 年 36.854 亿 m³。

2. 作物经济需水量

作物经济需水量见表 5-29、表 5-30。

由表 5-29 可以看出,在平水年($P=50\%$),作物经济需水量为 2015 年 16.848 亿 m³、2020 年 21.000 亿 m³、2030 年 21.325 亿 m³。

表 5-29　$P=50\%$时作物经济需水量　　　　（单位:亿 m³）

| 水平年 | 粮食作物 | | | | 经济作物 | | | | | | 牧草 |
	小麦	玉米	夏杂	秋杂	瓜类	蔬菜	番茄	甜菜	葵花	油料	
2015	4.944	6.901	0.078	0.150	0.677	0.126	0.585	0.154	2.500	0.689	0.043
2020	5.006	6.923	0.146	0.282	1.203	0.219	1.051	0.283	4.541	1.267	0.079
2030	5.013	6.870	0.161	0.311	1.206	0.211	1.076	0.299	4.743	1.350	0.084

表 5-30　$P=75\%$时作物经济需水量　　　　（单位:亿 m³）

| 水平年 | 粮食作物 | | | | 经济作物 | | | | | | 牧草 |
	小麦	玉米	夏杂	秋杂	瓜类	蔬菜	番茄	甜菜	葵花	油料	
2015	5.301	7.326	0.017	0.034	0.155	0.029	0.134	0.035	0.581	0.157	0.009
2020	5.367	7.350	0.085	0.171	0.726	0.132	0.634	0.171	2.788	0.763	0.046
2030	5.375	7.293	0.153	0.308	1.187	0.207	1.059	0.295	4.758	1.327	0.081

由表 5-30 可以看出,在一般干旱年($P=75\%$),作物经济需水量为 2015 年 13.788 亿 m³、2020 年 18.232 亿 m³、2030 年 22.042 亿 m³。

5.3.3　农业节水潜力

农业节水潜力见表 5-31。

表 5-31　农业节水潜力表　　　　（单位:亿 m³）

$P/\%$	水平年	农业生产水足迹	农业经济用水量	区间小值	作物经济需水量	区间大值
	2015	40.743	36.523	4.220	16.848	23.895
50	2020	42.993	38.398	4.595	21.000	21.993
	2030	36.091	34.778	1.313	21.325	14.766

续表

P/%	水平年	农业生产水足迹	农业经济用水量	区间小值	作物经济需水量	区间大值
75	2015	34.736	33.774	0.962	13.778	20.958
	2020	37.921	35.975	1.946	18.232	19.689
	2030	37.032	36.854	0.178	22.042	14.990

由表 5-31 可以得到农业节水潜力阈值区间:在平水年($P=50\%$)为 2015 年[4.220,23.895]亿 m³、2020 年[4.595,21.993]亿 m³、2030 年[1.313, 14.766]亿 m³;在一般干旱年($P=75\%$)为 2015 年[0.962,20.958]亿 m³、 2020 年[1.946,19.689]亿 m³、2030 年[0.178,14.990]亿 m³。

5.4 2005～2008 年农业节水潜力

5.4.1 农业生产水足迹

1. 农业生产绿水足迹

1)有效降水量

根据前面的计算方法,计算 2005～2008 年的有效降水量,见表 5-32。

表 5-32 2005～2008 作物生育期有效降水量 (单位:mm)

年份	小麦	玉米	葵花	夏杂	秋杂	瓜类	甜菜	番茄	油料	蔬菜	牧草
2005	21.33	64.84	61.79	21.33	64.84	64.84	64.84	64.84	64.84	64.84	69.61
2006	57.73	128.95	112.36	57.73	128.95	128.95	128.95	128.95	128.95	128.95	129.75
2007	99.64	131.34	128.32	99.64	131.34	131.34	131.34	131.34	131.34	131.34	136.22
2008	78.29	182.09	179.47	78.29	182.09	182.09	182.09	182.09	182.09	182.09	185.83

2)绿水足迹

根据各种作物种植面积的大小和作物生育期有效降水量,计算各种作物生育期的绿水足迹,即可得到各作物的生产绿水足迹。见表 5-33。

表 5-33   2005～2008 年各作物种植面积和生产绿水足迹

作物	2005 年		2006 年		2007 年		2008 年	
	种植面积	绿水足迹	种植面积	绿水足迹	种植面积	绿水足迹	种植面积	绿水足迹
小麦	17.303	3690.67	15.409	8895.38	11.805	11762.17	9.975	7809.69
玉米	7.748	5023.80	8.578	11061.42	9.799	12869.39	9.831	17901.51
葵花	14.319	8847.59	15.367	17265.84	14.964	19202.32	16.010	28733.86
夏杂粮	0.520	110.86	0.649	374.71	0.686	683.66	0.584	457.32
秋杂粮	0.929	602.10	0.968	1247.63	0.992	1302.89	0.898	1635.17
瓜类	4.670	3028.20	4.351	5610.79	4.381	5754.62	4.228	7699.01
甜菜	0.569	369.16	1.048	1350.79	1.561	2050.57	0.890	1620.60
番茄	1.560	1011.63	2.904	3745.14	3.812	5006.07	3.890	7083.67
油料	3.579	2320.41	3.030	3907.53	3.528	4634.11	5.033	9164.59
蔬菜	0.694	450.08	0.891	1149.37	1.058	1389.58	0.972	1769.91
牧草	4.336	3017.96	3.131	4061.87	3.869	5270.53	3.692	6861.71
合计	56.227	28472.46	56.326	58670.47	56.455	69925.91	56.003	90737.04

注：将林地、牧地转换为牧草，种植面积单位为 $10^4 hm^2$，绿水足迹单位为 $10^4 m^3$

2. 农业生产绿水蓝水足迹

1）灌溉水利用系数

从 1998～2010 年共完成节水灌溉改造面积 22 万 hm^2，年均完成 1.833 万 hm^2。2005～2008 年完成节水灌溉面积分别为 12.833 万 hm^2、14.667 万 hm^2、16.500 万 hm^2、18.333 万 hm^2，2005～2008 年灌溉水利用系数分别为 0.457～0.501、0.465～0.515、0.473～0.523、0.482～0.532。取其平均值，则 2005～2008 年灌溉水利用系数分别为 0.479、0.490、0.498、0.507。

2）蓝水足迹

按照前面的计算方法，计算各作物的蓝水足迹，结果见表 5-34。

表 5-34   2005～2008 年田间消耗蓝水   （单位：$10^8 m^3$）

年份	小麦	玉米	葵花	夏杂	秋杂	瓜类	甜菜	番茄	油料	蔬菜	牧草	合计
2005	19.656	8.515	8.786	0.301	0.668	2.851	0.364	0.844	1.575	0.319	2.270	46.149
2006	13.391	6.724	9.151	0.368	0.680	2.564	0.651	1.521	1.296	0.393	1.595	38.335
2007	8.667	7.151	8.705	0.383	0.686	2.509	0.949	1.944	1.476	0.451	1.930	34.850
2008	6.939	5.332	8.308	0.320	0.610	1.998	0.491	1.686	1.918	0.312	1.698	29.612

3. 农业生产水足迹

农业生产水足迹为绿水、蓝水和灰水足迹之和,2005～2008 年农业生产水足迹分别为 53.566 亿 m³、48.017 亿 m³、44.246 亿 m³、40.511 亿 m³。

5.4.2　水足迹控制标准

1. 农业经济用水量

2005～2008 年农业经济用水量分别为 46.644 亿 m³、42.267 亿 m³、39.018 亿 m³ 和 36.069 亿 m³,见表 5-35。

表 5-35　2005～2008 年农业经济用水量表　　（单位:亿 m³）

年份	小麦	玉米	葵花	夏杂	秋杂	瓜类	甜菜	番茄	油料	蔬菜	牧草
2005	19.023	8.583	0.297	0.694	3.008	0.348	0.903	0.382	9.223	1.727	2.456
2006	13.604	7.491	0.387	0.771	2.996	0.488	1.818	0.753	10.416	1.621	1.921
2007	9.141	7.859	0.420	0.761	2.881	0.553	2.287	1.077	9.920	1.820	2.300
2008	7.107	6.651	0.337	0.719	2.591	0.462	2.245	0.610	10.447	2.665	2.234

2. 作物经济需水量

作物经济需水量见表 5-36。

表 5-36　2005～2008 年作物经济需水量表　　（单位:亿 m³）

年份	小麦	玉米	葵花	夏杂	秋杂	瓜类	甜菜	番茄	油料	蔬菜	牧草
2005	6.886	3.285	0.132	0.309	1.263	0.151	0.396	0.167	3.837	0.825	1.155
2006	5.720	3.426	0.174	0.326	1.193	0.197	0.748	0.311	4.105	0.710	0.869
2007	4.382	3.914	0.184	0.334	1.201	0.234	0.981	0.463	3.998	0.827	1.074
2008	3.703	3.926	0.157	0.302	1.159	0.215	1.001	0.264	4.277	1.179	1.025

由表 5-36 可以得到:2005～2008 年农业经济用水量分别为 18.405 亿 m³、17.779 亿 m³、17.592 亿 m³ 和 17.209 亿 m³。

5.4.3　农业节水潜力

农业节水潜力见表 5-37。

表 5-37   农业节水潜力表   （单位：亿 m³）

年份	农业生产水足迹	农业经济用水量	区间小值	作物经济需水量	区间大值
2005	53.566	46.644	6.922	18.405	35.161
2006	48.017	42.267	5.750	17.779	30.238
2007	44.246	39.018	5.228	17.592	26.654
2008	40.511	36.069	4.442	17.209	23.302

由表 5-37 可得到农业节水潜力阈值区间：2005 年[6.922,35.161]亿 m³、2006 年[5.750,30.238]亿 m³、2007 年[5.228,26.654]亿 m³、2008 年[4.442,23.302]亿 m³。

5.5   讨   论

本章研究了保证粮食安全、合理种植结构和水资源约束三种不同情景模式及 2005～2008 年的农业节水潜力。在确定种植结构的基础上，计算了三种情景模式和 2005～2008 年的农业节水潜力。经分析讨论认为，农业节水潜力不是一个定值，而是一个区间值，一般情况下，当采用的节水灌溉面积比例越大，农业节水潜力阈值区间的上限值和下限值就越小；建议在全部实现高效节水的灌区，非充分供水系数 $\lambda > 0.8$。

5.5.1   情景模式

本章选择了保证粮食安全、合理种植结构和水资源约束三种情景模式计算农业节水潜力，由于农业生产水足迹控制标准的阈值区间是 $[Q_{ew}, Q_{Aed}]$，而农业经济用水量的基本前提是保证粮食安全，在合理种植结构和水资源约束两种模式的农业节水潜力时，也充分考虑到保证粮食安全。因此，合理种植结构情景模式的农业节水潜力是在合理种植结构和保证粮食安全两个条件下的农业节水潜力；水资源约束情景模式的农业节水潜力也是在水资源约束和保证粮食安全两个条件下的农业节水潜力。

5.5.2   非充分供水系数

在全部采用节水灌溉技术的 2030 年，选择的非充分供水系数 $\lambda = 0.8$，保证粮食安全和合理种植结构两种情景的农业节水潜力出现了负值，农业生产水足迹小于农业经济用水量，灌区的综合效益达不到最大，可能会出现环境压力加大、无法保证粮食安全或水资源配置不合理等情况的发生。因此,建议在全部实现高效节水的灌区,非充分供水系数 $\lambda > 0.8$,这样既可以确保粮食安全,也可以实现社会、经济和生态等综合效益最大化。

5.5.3　农业节水潜力

从农业节水潜力的计算结果来看,农业节水潜力不是一个定值,而是一个区间值,这个区间的上限值和下限值也不是定值。气象干旱条件、灌区节水灌溉的比例和种植结构等影响着农业节水潜力值的变化,不同情景模式、水平年和水文条件下的农业节水潜力差异较大。一般情况下,当采用的节水灌溉面积比例越大,农业节水潜力阈值区间的上限值和下限值就越小。

在农业节水潜力阈值区间中,由于农业经济用水量是在特定的技术、经济条件下可实现的综合效益最优值,故农业节水潜力阈值区间下限值也是可实现的节水潜力。农业节水潜力下限值通过采用工程节水和农艺节水措施是可实现的,是现实节水潜力。而农业节水潜力阈值区间上限值是农业节水潜力的理想值,其值虽大却很难实现,是不可实现的理想值。

第 6 章　农业节水潜力环境因素影响分析

环境因素是指对农业节水潜力产生影响的外部因素,由文化环境、制度环境、技术环境和经济环境组成。环境因素分析见图 6-1。

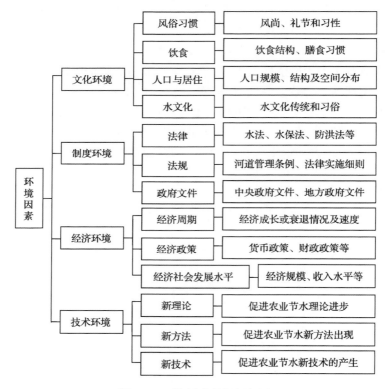

图 6-1　环境因素分析框架图

在环境因素中,有的因素变化很慢,从长时间跨度看基本上没有发生大的改变,如风俗习惯,可能在民族形成的初期就已经将其约定俗成了;有的因素几十年甚至上百年来都很少改变,如饮食结构等;有的因素相对稳定,十年或二十年仅发生很小的改变,如法律和法规;有的因素变化速度很快,甚至每月或每天都在改变,如新技术;有的因素变化适中,如节水理论的出现和节水技术的进步,基本上与农业节水潜力同步进行。变化慢的因素难以在小时间跨度研究中看到其变化对农业节水潜力的影响,而变化太快的因素难以准确量化,因此选择变化适中的农业政策和社会经济发展为例,研究环境因素对农业节水潜力的影响。

6.1　农业政策实施效果对农业节水潜力的影响分析

国家高度重视农业的发展,2004～2014 年中央一号文件都以农业和涉农为主题,高度关注农村发展、农业振兴和农民增收。2004 年我国开始实施以粮食直补、农资综合直接补贴、良种补贴和农机补贴等为主的粮食直接补贴政策;2006 年废止《农业税条例》,取消除烟叶以外的农业特产税、全部免征牧业税;2006 年我国中央财政"三农"支出 3517.2 亿元,到 2012 年中央财政"三农"支出增加到 10497.7 亿元,全国财政"三农"支出 29727.2 亿元。一系列农业政策的推出和实施,极大地促进了我国农业的发展,我国的粮食总产量从 1999 年的 50800 万 t 增加到 2012 年的 58957 万 t,农业增加值从 1999 年的 14212 亿元增加到 2012 年的 52377 亿元;1999 年农村居民人均纯收入 2210 元(其中,现金收入 1538 元),2012 年农村居民人均纯收入 7917 元;但农业占国民经济的比重却一直在下降,从 1999 年 17.32% 减少到 2012 年的 10.09%;农民与城镇居民的收入比例从 1999 年 37.75% 减少到 2012 年的 36.03%(国家统计局,1990—2012)。随着我国大量的惠农、支农政策出台、财政"三农"支出大幅增加,一方面粮食产量不断增加,农村居民人均纯收入逐年增长,另一方面,农业占国民经济的比重却在不断下降,农民收入水平与城镇居民相比却减少。如何评价农业政策的实施效果成为当前学术热点,在以往的研究中(王思舒等,2011;涂斌,2012;徐昔保和杨桂山,2013),偏重于政策本身或政策与单目标和单效果的关系研究,对农业政策的多目标和多效果缺乏有效的分析;偏重于政策实施效果的定性分析和简单数据处理,对数据间相互作用和关联性缺乏深入的探讨。本节在分析农业政策多目标的基础上,选择农业政策实施效果的多目标因子,分析农业政策实施效果因子与农业节水潜力的关联性。

6.1.1　目标与效果分析

1. 目标分析

中国农业政策的目标主要是保障粮食安全、增加农户(农民)收入、确保食品安全、增强环境保护和提高农业国际竞争力（何树全，2012；罗光强和邱溆，2013）。按其层次可分为四个层次：第一层次是安全目标，首先满足我国城乡居民和相关产业对农产品的需求，增加农产品产量、保证粮食安全；2006年和2009年的中央一号文件都强调要确保国家粮食安全；第二层次是盈利目标，在2006年、2007年和2011年的中央一号文件中多次强调了要增加农民收入；第三个层次是社会环境目标，节约资源、保护农村生态环境，建设环境友好、生态改善的社会主义新农村；第四层次是创新目标，即技术创新、制度创新、管理创新（叶堂林，2004；王裕雄和肖海峰，2012），依靠科技创新驱动，引领支撑现代农业建设（国务院，2004—2014）。

2. 效果分析

农业政策实施效果主要表现在粮食稳产增产、农民增收、科技创新、环境改善和资源节约等几个方面。粮食增产是保障粮食安全的主要手段，也是实现农民增收的重要途径，科技创新是我国实现粮食增产和农民增收的不竭动力，环境改善和资源节约是社会主义新农村的重要特征，也是保障粮食增产和农民增收的重要手段，既是科技创新的结果，也是我国农业政策实施的显著成果，是资源节约型和环境友好型社会建设的重要方式。随着我国农业政策连续和不断推出，惠农政策得到了有效落实，我国农业和农村取得了很大的进步。2004～2011年我国农业实施情况和效果见图6-2。

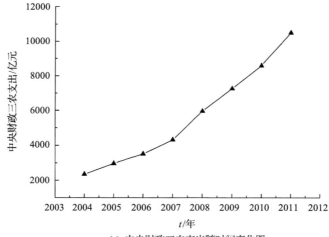

(a) 中央财政三农支出随时间变化图

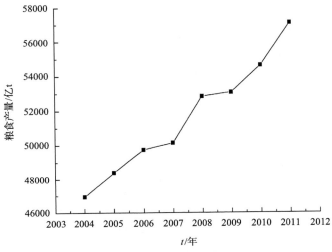

(b) 粮食产量随时间变化图

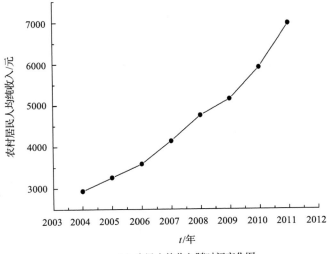

(c) 农民人均收入随时间变化图

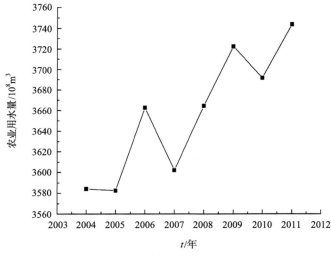

(d) 农业用水量随时间变化图

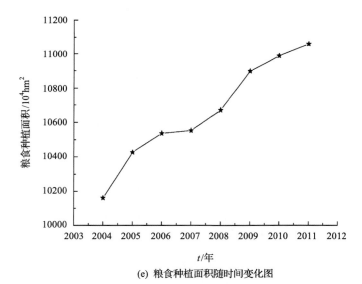

(e) 粮食种植面积随时间变化图

图 6-2 我国农业政策实施效果图

数据来源于 2004~2011 年的水资源公报、国民经济和社会发展统计公报及财政部文告。

3. 效果因子选择原则

为了准确、全面和客观的分析农业政策的实施效果,在选择效果因子时,遵循以下基本原则:

(1) 系统性原则。农业作为一个复杂的巨系统,农业政策的作用过程是非常复杂的,受到政治、社会、经济、人文和心理等多重因素的影响,政策实施效果是这些因子共同作用的结果。因此,所选择的效果因子具有足够大的涵盖面,能够携带大量的信息,能够充分反映这些因素的复杂作用和影响。

(2) 有效性原则。因子的选择是依据农业政策实施目标,应具有科学含义,统计口径、统计时间和范围明确,反映政策实施的基本效果,客观表达政策实施效果。

(3) 动态性原则。农业政策实施效果具有时空动态性,包括时间和区域两方面的动态性。不同的历史时期推出不同的农业政策,农业政策的推出具有显著的时代性;农业政策的实施过程和效果也具有时间上的差异,具有特定历史发展阶段所独有的特征。不同的区域经济发展水平不同,居民对政策的理解也差异较大,政策的实施过程和效果差异明显。因此,所选择的因子也就具有动态变化的特点。

(4) 可操作性原则。所选择的因子应具有数据资料的可获得性和数据资料的可量化性,便于分析计算。

4. 效果因子

根据目标和效果分析,选择农业政策实施效果因子。粮食产量即体现了安全和盈利目标,又能够体现粮食稳产增产和农民增收,另外粮食产量的多少也体现了农业科技进步和科技创新的成果,因此选择粮食产量作为效果因子。农村居民人均纯收入即体现了盈利目标,也反映了农民增收情况,同时农村居民收入的多少也体现了科技创新给农民收入水平带来的变化,因此选择农村居民人均纯收入作为效果因子。耕地和水是农业的基础性资源,二者的投入情况既体现了社会环境和创新目标,又反映了环境改善方面和资源节约。根据动态性原则,确定区域农业资源的瓶颈因子,以瓶颈因子作为效果因子,比如西北干旱地区,耕地资源丰富,降水稀少,是没有灌溉就没有农业的地区,水资源就是当地农业发展的瓶颈因子,就以农业水资源使用量作为效果因子;若西北地区农业创新和农技推广做得好,微灌技术得以大面积采用,农业生产消耗的水资源量就会减少,农业水资源使用量也体现了科技创新给农业生产的影响。南方丘陵山区水资源丰富,耕地资源不足,以耕地资源作为当地农业发展的瓶颈因子,就以耕地作为效果因子;若该区域农业创新和农技推广做得好,相同的粮食产量就会占用较少的耕地资源,或者说相同的耕地能够生产出更多的粮食。在水土资源均衡的地区,比如黄淮海平原,将二者共同作为效果因子。

效果因子能够较为全面、系统地反映农业政策的实施情况,具备以下基本特征:

(1)效果因子滞后地反映农业政策的实施情况。农业政策从实施之日起到第一期效果出来,需要一定的时间,也就是说,效果因子具有滞时性,比如农机补贴至少需要一个作物生长周期才能看到效果,农田水利项目至少需要一个建设周期和蓄水运行期才能知道效果如何。

(2)效果因子连续地反映农业政策的实施情况。由于我国农业政策的连续性,其实施的效果也具有连续性。

(3)效果因子动态地反映农业政策的实施情况。由于农业政策具有时间上动态性,其实施效果也具有时间上的动态性;我国地域辽阔,经济发展水平差异较大,因此其实施效果又具有空间上的动态性。

6.1.2　河套灌区农业政策对农业节水潜力影响

1. 效果因子

根据效果因子选择原则和基本特征,选择粮食总产量、农村居民年纯收入和农业生产水足迹三个因子作为河套灌区农业政策效果因子。农作物的播种面积也在一定程度上反映了农业政策对农民种地积极性的影响,因此也把它作为效果因子。由于河套灌区的复种指数接近1,而农业政策往往都是在春节前出台,对河套灌区而言其滞时性很难得以体现,可以认为其滞时接近于0。

2. 效果因子关联分析

建立效果因子与农业节水潜力(第六章中农业节水潜力为第五章计算农业节水潜力区间的下限值)的关系,见图6-3。

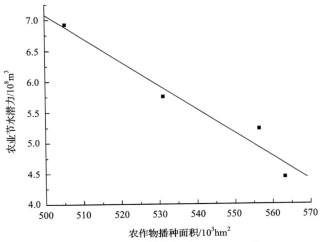

(a) 农作物播种面积与农业节水潜力关系图

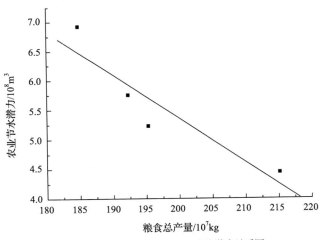

(b) 粮食总产量与农业节水潜力关系图

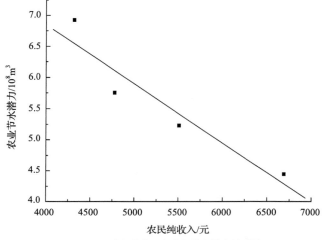

(c) 农民纯收入与农业节水潜力关系图

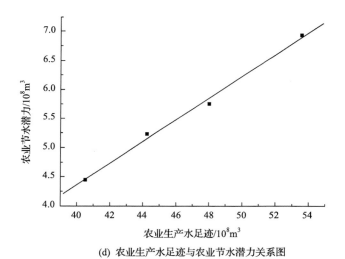

(d) 农业生产水足迹与农业节水潜力关系图

图 6-3　效果因子与农业节水潜力关系图

　　由图 6-3 可以看出,农作物播种面积、粮食总产量和农民纯收入与农业节水潜力是负相关关系,由计算结果看相关系数较大;农业生产水足迹与农业节水潜力是正相关关系,也是效果因子中相关性最好的。具体关系如下:

(1) 农作物的播种面积与农业节水潜力的关系为

$$Q_节 = 26.26869 - 0.03837 F_{cp} \tag{6-1}$$

式中，$Q_节$ 为农业节水潜力，亿 m^3；F_{cp} 为农作物播种面积，$10^3 hm^2$。

相关系数 $R^2 = 0.9491$，查相关系数临界检验值表，$R_{0.05} = 0.9500$，在显著水平 $\alpha = 0.05$ 通过检验。

(2) 粮食总产量与农业节水潜力的关系为

$$Q_节 = 20.14331 - 0.07394 G \tag{6-2}$$

式中，G 为粮食总产量，$10^3 kg$。

相关系数 $R^2 = 0.8488$，查相关系数临界检验值表，$R_{0.10} = 0.9000$，在显著水平 $\alpha = 0.10$ 通过检验。

(3) 农村居民年纯收入与农业节水潜力的关系为

$$Q_节 = 10.66575 - 0.00095 NI \tag{6-3}$$

式中，NI 为农村居民纯收入，元。

相关系数 $R^2 = 0.8992$，查相关系数临界检验值表，$R_{0.10} = 0.9000$，在显著水平 $\alpha = 0.10$ 通过检验。

(4) 农业生产水足迹与农业节水潜力的关系为

$$Q_节 = -3.09016 + 0.18623 WF \tag{6-4}$$

相关系数 $R^2 = 0.9944$，查相关系数临界检验值表，$R_{0.01} = 0.9900$，在显著水平 $\alpha = 0.01$ 通过检验。

由于在 2015 年、2020 年和 2030 年农业节水潜力理论框架体系中的外核发生了改变，环境因素和农业节水潜力之间的函数关系并不能够应用到外核已发生改变的情况。以农业节水措施为例，2008 年采用充分灌溉，而到 2020 年、2030 年采用非充分灌溉，因此，环境因素和农业节水潜力间的函数关系不能用于预测未来的节水潜力。

6.2　社会经济发展水平对农业节水潜力的影响分析

6.2.1　社会经济发展水平指标体系

1. 评价指标体系的建立原则

灌区社会经济发展水平的指标体系，是度量灌区经济发展、社会发展和生

态环境建设水平的工具;为了使评价结果客观、全面和公允,在评价指标选取时,应遵循的基本原则:

(1)客观性原则:所选取的指标具有客观性,能够客观的反应灌区的社会经济发展程度;带有主观色彩的指标尽量不选或少选,以保证评价结果的客观性;

(2)系统性原则:由于灌区是一个复杂的综合系统,故评价指标体系也应具有系统性,所选取的指标携带足够的信息量,能够涵盖这个系统的方方面面;指标之间不能够相互交叉或涵盖,具有相对的独立性;

(3)可操作原则:选取的指标应有明确的物理涵义、统计口径,增加数据的可比性;指标应易于量化和易于得到,增加指标值的可获得性及指标体系的实用性。

2. 评价指标体系

灌区社会经济发展水平包括三个方面的指标:社会发展指标、经济发展指标和资源环境建设指标。经济发展主要体现在经济实力的增强和经济结构的合理,经济发展指标包括经济实力指标和经济结构指标;社会发展包括人的发展和设施的匹配,社会发展指标包括人口发展指标和基础设施指标;资源环境包括资源和生态环境两方面,生态环境建设指标包括资源指标和生态环境指标。根据已有的研究成果(佟瑞和朱顺泉,2005;徐建中和毕琳,2006;曹连海等,2009;王晓鹏等,2012)和灌区生产实际,确定第四级指标。指标体系见图 6-4。

3. 指标的筛选

指标体系建好后,并不是所有的指标都要在研究中得以体现,而是要根据研究目的和研究区域对指标进行筛选。可以采用如下方法筛选指标:

(1)根据已有的研究成果筛选指标;

(2)应用指标体系建立原则筛选指标,比如根据可操作性原则,某个指标在其他地区数据易得,而对于研究区则缺乏相关统计,这个指标要么用相似指标替代,要么剔除;

(3)采用数学方法筛选指标,可以采用主成分分析法(李新春等,2006)、熵权法(程启月,2010)、粗糙集(尹宗成等,2007)等数学方法筛选指标。

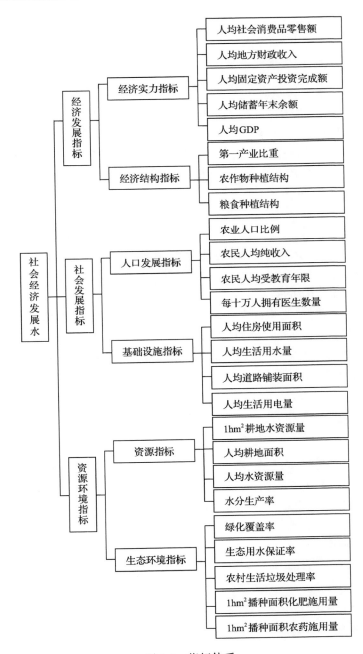

图 6-4　指标体系

6.2.2　河套灌区 2005~2008 年社会经济发展水平评价

1. 指标的选择及指标体系的建立

根据指标选择的原则和河套灌区实际情况,选择与灌区社会经济发展相关的指标,经济发展指标选择人均 GDP、人均固定资产投资、人均社会消费品零售额、人均财政收入和第一产业比重 5 个指标,社会发展指标选择农民人均纯收入和农民人均住房使用面积 2 个指标,资源环境建设选择人均耕地面积、1hm² 播种面积化肥施用量和 1hm² 播种面积农药施用量 3 个指标,共 10 个指标构成指标体系,见表 6-1。

2. 评价指标分级值

利用统计年鉴的面板数据,查得上海、山东、河南和陕西相应指标值,根据四省市相应指标值的大小,将上述指标对社会经济发展水平的影响分为 5 个等级,并确定各等级的数量值,见表 6-1。

社会经济发展水平指数大于 0.5,认为发展水平高,为第 I 级;指数为 0.2~0.5,认为发展水平较高,为第 II 级;指数为 -0.2~0.2,认为发展水平一般,为第 III 级;指数为 -0.5~-0.2,认为发展水平较低,为第 IV 级;指数小于 -0.5,认为发展水平低,为第 V 级。

表 6-1　评价指标等级标准

评价指标	I	II	III	IV	V
人均 GDP/万元	≤1	1~2	2~3	3~5	≥5
人均固定资产投资/万元	≤1	1~3	3~5	5~8	≥8
人均社会消费品零售额/万元	≤0.5	0.5~1	1~1.5	1.5~2	≥2
人均财政收入/万元	≤0.1	0.1~0.5	0.5~1	1~1.5	≥1.5
农民人均收入/元	≤0.3	0.3~0.5	0.5~0.7	0.7~1	≥1
第一产业比重/%	≤1	1~10	10~20	20~30	≥30
农村居民人均住房面积/m²	≤20	20~30	30~40	40~50	≥50
人均耕地面积/亩	≤1	1~2	2~3	3~5	≥5
1hm² 播种面积化肥施用量/kg	≤400	400~500	500~600	600~700	≥700
1hm² 播种面积农药使用量/kg	≤1	1~5	5~10	10~15	≥15

3. 权重

确定权重的方法很多，主要可以分为主观赋权法和客观赋权法（Cao et al.，2010），这里采用主成分分析法，利用各因子对主成分贡献，求出各因子权重。

4. 评价方法

采用集对分析评价河套灌区社会经济发展水平，集对分析（set pair analysis，SPA）是 1989 年我国学者赵克勤（2000）基于对立统一的哲学思想提出的。根据王文圣等（2009）研究成果：

对于越小越优指标，某样本值 x_l 与该指标 1 级评价标准的联系度 U_l 为

$$
U_l = \begin{cases}
1 + 0i_1 + 0i_2 + \cdots + 0i_{K-2} + 0j & x_l \leqslant s_1 \\[2mm]
\dfrac{s_2 - x_l}{s_2 - s_1} + \dfrac{x_l - s_1}{s_2 - s_1}i_1 + 0i_2 + \cdots + 0i_{K-2} + 0j & s_1 < x_l \leqslant s_2 \\[2mm]
0 + \dfrac{s_3 - x_l}{s_3 - s_2}i_1 + \dfrac{x_l - s_2}{s_3 - s_2}i_2 + \cdots + 0i_{K-2} + 0j & s_2 < x_l \leqslant s_3 \\[2mm]
\qquad\qquad\qquad \cdots & \cdots \\[2mm]
0 + 0i_1 + 0i_2 + \cdots + \dfrac{s_K - x_l}{s_K - s_{K-1}}i_{K-2} + \dfrac{x_l - s_{K-1}}{s_K - s_{K-1}}j & s_{K-1} < x_l \leqslant s_K \\[2mm]
0 + 0i_1 + 0i_2 + \cdots + 0i_{K-2} + 1j & x_l > s_K
\end{cases}
$$

$$(6-5)$$

式中，U_l 为联系度；$s_1, s_2, \cdots, s_K$ 为等级门限值，$s_1 \leqslant s_2 \leqslant \cdots \leqslant s_K$；$i_1, i_2, \cdots, i_{k-2}$ 为不确定系数，在 $(-1,1)$ 区间取值；j 为对立系数，$j \equiv -1$。

对于越大越优指标，某样本值 x_l 与该指标 1 级评价标准的联系度 U_l 为

$$
U_l = \begin{cases}
1 + 0i_1 + 0i_2 + \cdots + 0i_{K-2} + 0j & x_l \geqslant s_1 \\[2mm]
\dfrac{x_l - s_2}{s_1 - s_2} + \dfrac{s_1 - x_l}{s_1 - s_2}i_1 + 0i_2 + \cdots + 0i_{K-2} + 0j & s_2 \leqslant x_l < s_1 \\[2mm]
0 + \dfrac{x_l - s_3}{s_2 - s_3}i_1 + \dfrac{s_2 - x_l}{s_2 - s_3}i_2 + \cdots + 0i_{K-2} + 0j & s_3 \leqslant x_l < s_2 \\[2mm]
\qquad\qquad\qquad \cdots & \cdots \\[2mm]
0 + 0i_1 + 0i_2 + \cdots + \dfrac{x_l - s_K}{s_{K-1} - s_K}i_{K-2} + \dfrac{s_{K-1} - x_l}{s_{K-1} - s_K}j & s_K \leqslant x_l < s_K \\[2mm]
0 + 0i_1 + 0i_2 + \cdots + 0i_{K-2} + 1j & x_l < s_K
\end{cases}
$$

$$(6-6)$$

式中，$s_1, s_2, \cdots, s_K$ 为等级门限值，$s_1 \geqslant s_2 \geqslant \cdots \geqslant s_K$。

在指标体系中，人均 GDP、人均固定资产投资、人均社会消费品零售额、人均财政收入、农民人均纯收入、农民人均住房使用面积和人均耕地面积 7 个指标是越大越优，对于指标人均 GDP 而言，$S_1 = 5$、$S_2 = 3$、$S_3 = 2$、$S_4 = 1$；第一产业比重、$1hm^2$ 播种面积化肥施用量和 $1hm^2$ 播种面积农药施用量 3 个指标是越小越优，对于指标 $1hm^2$ 播种面积化肥施用量而言，$S_1 = 400$、$S_2 = 500$、$S_3 = 600$、$S_4 = 700$。

5. 社会经济发展水平的计算

社会经济发展水平按照下式计算：

$$U_{SCDL} = \sum_{k=1}^{10} \omega_k U_k \tag{6-7}$$

式中，U_{SCDL} 为社会经济发展水平的联系度；ω_k 第 k 指标权重；U_k 第 k 个指标联系度；$k = 1, 2, \cdots, 10$。

6. 不确定系数 i 的取值

不确定系数 i 的取值方法很多（朱兵等，2008；陈晶等，2009；刘晓等，2009），这里采用将区间 $(-1, 1)$ 均匀分成 $(k - 2)$ 个小区间，取区间的中间值作为对应的 i 值。在计算社会经济发展水平联系度时，由于 $k = 4$，故把区间 $(-1, 1)$ 均分为 2 个小区间，即 $(0, 1)$ 和 $(-1, 0)$，取小区间的中间值，可得到 $i_1 = 0.5, i_2 = -0.5$。

7. 计算结果

按照上面的计算方法计算社会经济发展水平联系度 U_{SCDL}，计算结果见表 6-2。取 $i_1 = 0.5, i_2 = -0.5, j = -1$，计算可得社会经济发展水平值 U：2005 年为 -0.473，发展水平较低；2006 年为 -0.390，发展水平较低；2007 年为 -0.277，发展水平较低；2008 年为 -0.098，发展水平一般。由计算结果可以看出，从 2005 年到 2008 年社会经济发展水平逐步提高，但总体水平较低，最好的水平也仅仅是发展水平一般。

表 6-2　社会经济发展水平联系度

年份	指标	权重	联系度	社会经济发展水平联系度
2005	人均 GDP/万元	0.1023	$0+0i_1+0.256i_2+0.744j$	
	人均固定资产投资/万元	0.0671	$0+0i_1+0i_2+1j$	
	人均社会消费品零售额/万元	0.0523	$0+0i_1+0i_2+1j$	
	人均财政收入/万元	0.1143	$0+0i_1+0i_2+1j$	
	农民人均收入/元	0.2365	$0+0i_1+0.660i_2+0.340j$	$0.170+0.045i_1$
	第一产业比重/%	0.0107	$0+0i_1+0i_2+1j$	$+0.239i_2+0.546j$
	农村居民人均住房面积/m²	0.2018	$0+0i_1+0.280i_2+0.720j$	
	人均耕地面积/亩	0.0949	$0.688+0.312i_1+0i_2+0j$	
	1hm²播种面积化肥施用量/kg	0.1012	$1+0i_1+0i_2+0j$	
	1hm²播种面积农药使用量/kg	0.0189	$0.774+0.226i_1+0i_2+0j$	
2006	人均 GDP/万元	0.1023	$0+0i_1+0.557i_2+0.443j$	
	人均固定资产投资/万元	0.0671	$0+0i_1+0.105i_2+0.895j$	
	人均社会消费品零售额/万元	0.0523	$0+0i_1+0i_2+1j$	
	人均财政收入/万元	0.1143	$0+0i_1+0i_2+1j$	
	农民人均收入/元	0.2365	$0+0i_1+0.890i_2+0.110j$	$0.191+0.024i_1$
	第一产业比重/%	0.0107	$0+0i_1+0.626i_2+0.374j$	$+0.314i_2+0.436j$
	农村居民人均住房面积/m²	0.2018	$0+0i_1+0.360i_2+0.640j$	
	人均耕地面积/亩	0.0949	$0.795+0.205i_1+0i_2+0j$	
	1hm²播种面积化肥施用量/kg	0.1012	$0.549+0.451i_1+0i_2+0j$	
	1hm²播种面积农药使用量/kg	0.0189	$0.780+0.220i_1+0i_2+0j$	
2007	人均 GDP/万元	0.1023	$0+0i_1+0.964i_2+0.036j$	
	人均固定资产投资/万元	0.0671	$0+0i_1+0.280i_2+0.720j$	
	人均社会消费品零售额/万元	0.0523	$0+0i_1+0i_2+1j$	
	人均财政收入/万元	0.1143	$0+0i_1+0.020i_2+0.980j$	
	农民人均收入/元	0.2365	$0+0.255i_1+0.745i_2+0j$	$0.124+0.151i_1$
	第一产业比重/%	0.0107	$0+0i_1+0.890i_2+0.110j$	$+0.290i_2+0.332j$
	农村居民人均住房面积/m²	0.2018	$0+0i_1+0.420i_2+0.580j$	
	人均耕地面积/亩	0.0949	$0.591+0.409i_1+0i_2+0j$	
	1hm²播种面积化肥施用量/kg	0.1012	$0.720+0.280i_1+0i_2+0j$	
	1hm²播种面积农药使用量/kg	0.0189	$0.696+0.324i_1+0i_2+0j$	

续表

年份	指标	权重	联系度	社会经济发展 水平联系度
2008	人均 GDP/万元	0.1023	$0+0.524i_1+0.476i_2+0j$	
	人均固定资产投资/万元	0.0671	$0+0i_1+0.465i_2+0.535j$	
	人均社会消费品零售额/万元	0.0523	$0+0i_1+0.044i_2+0.956j$	
	人均财政收入/万元	0.1143	$0+0i_1+0.094i_2+0.906j$	
	农民人均收入/元	0.2365	$0+0.846i_1+0.154i_2+0j$	$0.152+0.317i_1$
	第一产业比重/%	0.0107	$0+0i_1+0.890i_2+0.110j$	$+0.246i_2+0.286j$
	农村居民人均住房面积/m²	0.2018	$0+0i_1+0.530i_2+0.470j$	
	人均耕地面积/亩	0.0949	$0.695+0.305i_1+0i_2+0j$	
	1hm² 播种面积化肥施用量/kg	0.1012	$0.720+0.280i_1+0i_2+0j$	
	1hm² 播种面积农药使用量/kg	0.0189	$0.706+0.294i_1+0i_2+0j$	

6.2.3 影响分析

以社会经济发展水平为自变量,农业节水潜力为因变量,二者关系见图 6-5。建立二者的函数关系:

$$Q_节 = 3.685 - 6.142U \tag{6-8}$$

社会经济发展水平与农业节水潜力是负相关关系,相关系数较大,$R^2 = 0.9174$,查相关系数临界检验值表,$R_{0.05}=0.9500$,在显著水平 $\alpha = 0.05$ 通过检验。

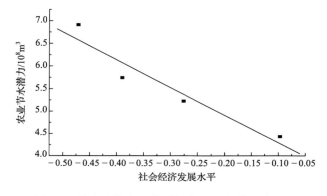

图 6-5 社会经济发展水平与农业节水潜力关系图

参 考 文 献

巴彦淖尔市水务局、内蒙古河套灌区管理总局. 巴彦淖尔市水资源公报(2002—2012 年). http://www. bynrtjj. gov. cn

巴彦淖尔市统计局. 2000—2010. 巴彦淖尔市统计年鉴(2000—2010 年). 巴彦淖尔：巴彦淖尔市统计局.

巴彦淖尔市统计局. 巴彦淖尔市国民经济和社会发展统计公报(2005—2012 年). http://www. bynrtjj. gov. cn

白美健, 许迪, 蔡林根, 等. 2003. 黄河下游引黄灌区渠道水利用系数估算方法. 农业工程学报, 19(3)：80-84.

蔡承智, 梁颖, 李啸浪. 2008. 我国小麦单产潜力的农作制区划分析. 种子, 27(1)：87-89.

蔡燕, 王会肖, 王红瑞, 等. 2009. 黄河流域水足迹研究. 北京师范大学学报(自然科学版), 45(5)：616-620.

操信春, 吴普特, 王玉宝, 等. 2012. 中国灌区水分生产率及其时空差异分析. 农业工程学报, 28(13)：1-7.

操信春, 吴普特, 王玉宝, 等. 2014. 水分生产率指标的时空差异及相关关系. 水科学进展, 25(2)：268-274.

曹成立. 2010. 长春市农业节水潜力及对策研究. 吉林农业大学学报, 32(3)：321-325.

曹连海, 林以彬, 胡志扬. 2013. 地下水动态的混沌动力学特征及预报研究. 人民黄河, 35(2)：39-42.

曹连海, 宋刚福, 陈南祥. 2009. 城市生活污水排放量的影响因子分析及关联性研究. 环境科学与技术, 32(1)：102-106.

曹连海, 吴普特, 赵西宁, 等. 2014. 内蒙古河套灌区粮食生产灰水足迹评价. 农业工程学报, 30(1)：63-72.

曹连海, 吴普特, 赵西宁, 等. 近 50 年河套灌区种植系统演化分析. 农业机械学报, 2014, 45(7)：175-181.

陈百明, 周小萍. 2005. 中国粮食自给率与耕地资源安全底线的探讨. 经济地理, 25(2)：145-148.

陈晶, 王文圣, 陈嫒. 2009. 基于集对分析的全国生态环境质量评价研究. 水电能源科学, 27(2)：40-43.

陈晓楠, 黄强, 邱林, 等. 2006. 基于遗传程序设计的作物水分生产函数研究. 农业工程学报, 22(3)：6-9.

陈兆波. 2008. 基于水资源高效利用的塔里木河流域农业种植结构优化研究. 北京：中国农业科学院研究生院博士学位论文.

陈正铎, 杨文彬, 白栋才. 1993. 春小麦生育特点及千斤田的栽培技术. 内蒙古农业科技, (6)：1-5.

程启月. 2010. 评测指标权重确定的结构熵权法. 系统工程理论与实践, 30(7)：1225-1228.

程智强, 邱化蛟, 程序. 2005. 资源边际效益与种植业结构调整目标规划. 农业工程学报, 21(12)：16-19.

崔远来, 茆智, 李远华. 2002. 水稻水分生产函数时空变异规律研究. 水科学进展, 13(4)：484-491.

崔远来,谭芳,郑传举. 2010. 不同环节灌溉用水效率及节水潜力分析. 水科学进展,21(6): 788-794.

戴佳信,史海滨,田德龙,等. 2011. 河套灌区套种粮油作物耗水规律的试验研究. 灌溉排水学报, 30(1): 49-53.

戴佳信. 2006. 内蒙古河套灌区间作作物需水量与生理生态效应研究. 呼和浩特:内蒙古农业大学博士学位论文.

邓晓军,谢世友,杨诗源,等. 2007. 水足迹分析法在山东省的应用研究. 农业现代化研究,28(2): 232-234.

董新光,周金龙,陈跃滨. 2007. 干旱内陆区水盐监测与模型研究及其应用. 北京:科学出版社, 2-10.

杜军,杨培岭,李云开,等. 2010. 河套灌区年内地下水埋深与矿化度的时空变化. 农业工程学报, 26(7): 26-31.

杜军,杨培岭,李云开,等. 2011. 不同灌期对农田氮素迁移及面源污染产生的影响. 农业工程学报, 27(1): 66-74.

段爱旺,信乃诠,王立祥. 2002. 节水潜力的定义和确定方法. 灌溉排水,21(2): 25-28.

樊华,陶学禹. 2006. 复合系统协调度模型及其应用. 中国矿业大学学报,35(4): 515-520.

范斐,孙才志,王雪妮. 2013. 社会、经济与资源环境复合系统协同进化模型的构建及应用——以大连市为例. 系统工程理论与实践,23(2): 413-419.

傅国斌,李丽娟,于静洁,等. 2003. 内蒙古河套灌区节水潜力的估算. 农业工程学报,19(11): 54-58.

傅建伟,杨彦明,曹建国. 2010. 内蒙古典型农田化肥氮素淋溶流失现状研究. 中国农技推广, 26(10): 44-47.

高峰,赵竞成,徐建中,等. 2004. 灌溉水利用系数测定方法研究. 灌溉排水学报,23(1): 14-20.

耿雷华,刘恒,钟华平,等. 2006. 健康河流的评价指标和评价标准. 水利学报,37(3): 253-258.

郭平,李宇清,尹晓云. 2013. 论河套灌区节水改造. 水利规划与设计,(1): 25-27.

哈肯. 1989. 高等协同学. 郭治安译. 北京:科学出版社.

郝芳华,欧阳威,岳勇等. 2008. 内蒙古农业灌区水循环特征及对土壤水运移影响的分析. 环境科学学报,28(5): 825-831.

何浩,黄晶,淮贺举,等. 2010. 湖南省水稻水足迹计算及其变化特征分析. 中国农学通报,26(14): 294-298.

何树全. 2012. 中国农业支持政策效应分析. 统计研究,29(1): 43-48.

洪晓燕,张天栋. 2010. 影响农药利用率的相关因素分析及改进措施. 中国森林病虫,29(5): 41-43.

胡志桥,田霄鸿,张久东,等. 2011. 石羊河流域主要作物的需水量及需水规律的研究. 干旱地区农业研究,29(3): 1-6.

华小梅,江希流. 2000. 我国农药环境污染与危害的特点及控制对策. 环境科学研究,13(3): 40-43.

霍再林,史海滨,陈亚新,等. 2004. 内蒙古地区 ET_0 时空变化与相关分析. 农业工程学报,20(11): 60-63.

江平. 2004. 西部水资源危机与节水高效农业. 农村经济,(12): 34-37.

江泽民. 1999-01-01. 在全国政协新年茶话会上的讲话. 人民日报.

亢振军，尹光华，刘作新，等. 2010. 基于 CROPWAT 对玉米产量与水分关系的研究. 玉米科学，18(5)：114-117，121.

雷波，刘钰，许迪. 2011. 灌区农业灌溉节水潜力估算理论与方法. 农业工程学报，27(1)：10-14.

雷社平，解建仓，黄明聪，等. 2004. 区域产业用水系统的协调度分析. 水利学报，(5)：14-19.

雷玉桃，高帅，卢丽华，等. 2010. 广州市水足迹的估算与分析. 特区经济，(8)：274-276.

李芳. 2008. 黑龙江省水资源管理问题研究. 哈尔滨：东北林业大学博士学位论文.

李久生. 1993. 灌水均匀度与深层渗漏量关系的研究. 农村水利与小水电，(1)：1-4.

李全起，陈雨海，周勋波，等. 2010. 不同种植模式麦田水资源利用率及边际效益分析. 农业机械学报，41(7)：90-95.

李淑芬，纪易凡. 2003. 化肥施用与环境效应研究进展. 南京农专学报，19(2)：59-67.

李新春，彭红军，赵晶. 2006. 煤炭资源型城市发展对策研究. 软科学，20(3)：81-85.

李远华. 1999. 节水灌溉理论与技术. 武汉：武汉水利电力大学出版社.

李志杰，马卫萍，唐继伟，等. 2005. 耐盐物种选择利用技术研究. 土壤通报，36(6)：978-980.

刘晓，唐辉明，刘瑜. 2009. 基于集对分析和模糊马尔可夫链的滑坡变形预测新方法研究. 岩土力学，30(11)：3399-3405.

刘丙军，陈晓宏，雷洪成，等. 2011. 流域水资源供需系统演化特征识别. 水科学进展，22(3)：331-336.

刘布春. 2007. 河套灌区农业水资源安全评价研究. 北京：中国农业科学院博士学位论文.

刘德地，陈晓宏. 2008. 一种区域用水量公平性的评估方法. 水科学进展，19(2)：268-272.

刘利花，杨淑英，吕家珑. 2003. 长期不同施肥土壤中磷淋溶"阈值"研究. 西北农林科技大学学报(自然科学版)，31(3)：123-126.

刘路广，崔远来，王建鹏. 2011. 基于水量平衡的农业节水潜力计算新方法. 水科学进展，22(5)：696-702.

刘涛. 2009. 干旱半干旱地区农田灌溉节水治理模式及其绩效研究——以甘肃省民乐县为例. 南京：南京农业大学博士学位论文.

刘渝. 2009. 基于生态安全与农业安全目标下的农业水资源利用与管理研究. 武汉：华中农业大学博士学位论文.

龙爱华，徐中民，张志强，等. 2005. 甘肃省 2000 年水资源足迹的初步估算. 资源科学，27(3)：123-129.

龙爱华，徐中民，张志强，等. 2006. 人口、富裕及技术对 2000 年中国水足迹的影响. 生态学报，20(6)：3358-3365.

鲁仕宝，黄强，马凯，等. 2010. 虚拟水理论及其在粮食安全中的应用. 农业工程学报，26(5)：59-64.

罗光强，邱溆. 2013. 中国粮食安全责任分解与评价研究. 农业技术经济，(2)：40-50.

马静，汪党献，来海亮，等. 2005. 中国区域水足迹的估算. 资源科学，27(5)：96-100.

马学明，赵西宁，冯浩，等. 2009. 塔里木河流域农业节水潜力综合评价体系研究. 干旱地区农业研究，27(3)：112-118.

马学明. 2009. 黑河中游地区农业节水潜力综合评价. 杨凌：西北农林科技大学硕士学位论文.

毛泽东. 1991. 毛泽东选集(第一卷). 北京：人民出版社：132.

蒙继华, 吴炳方, 李强子. 2007. 全国农作物叶面积指数遥感估算方法. 农业工程学报, 23(2): 160-167.

孟庆松, 韩文秀. 2000. 复合系统协调度模型研究. 天津大学学报, 33(4): 444-446.

内蒙古河套灌区管理总局. 2011. 改造与改革同步推进全面提升灌区建设与管理水平. http://www. mwr. gov. cn

内蒙古自治区质量技术监督局发布. 2003. 内蒙古自治区行业用水定额标准. 呼和浩特: 内蒙古自治区质量技术监督局.

农业部环境保护科研监测所. 2005. 农田灌溉水质标准 GB5084—2005. 北京: 中国标准出版社.

欧建锋, 杨树滩, 仇锦先. 2005. 江苏省灌溉农业节水潜力研究. 灌溉排水学报, 24(6): 22-25.

潘冰. 2007. 辽宁省水资源足迹的计算及评价. 大连: 辽宁师范大学硕士学位论文.

裴源生, 张金萍, 赵勇. 2007. 宁夏灌区节水潜力的研究. 水利学报, 38(2): 239-243.

彭晚霞, 宋同清, 曾馥平, 等. 2011. 喀斯特峰丛洼地退耕还林还草工程的植被土壤耦合协调度模型. 农业工程学报, 27(11): 305-310.

彭莹. 2011. 农药管理现状与发展. 武汉: 华中师范大学硕士学位论文.

彭致功, 刘钰, 许迪, 等. 2009. 基于 RS 数据和 GIS 方法估算区域作物节水潜力. 农业工程学报, 25(7): 8-12.

齐学斌, 庞鸿宾. 2000. 节水灌溉的环境效应研究现状及研究重点. 农业工程学报, 16(4): 37-40.

祁力钧, 傅泽田, 史岩. 2002. 化学农药施用技术与粮食安全. 农业工程学报, 18(6): 203-206.

秦大庸, 罗翔宇, 陈晓军, 等. 2004. 西北干旱区水资源开发利用潜力分析. 自然资源学报, 19(2): 143-150.

邱进宝. 2014. 深化改革 科学发展奋力开创全市水利事业新局面——在全市水利工作会议上的讲话. http://www. htgq. gov. cn

任继周, 唐华俊, 黄修桥. 2004. 西北地区水资源配置生态环境建设和可持续发展战略研究(农牧业卷). 北京: 科学出版社: 93-114.

阮本清, 许凤冉, 蒋任飞. 2008. 基于球状模型参数的地下水水位空间变异特性及其演化规律分析. 水利学报, 39(5): 573-579.

山仑, 康绍忠, 吴普特. 2004. 中国节水农业. 北京: 中国农业出版社, 1-10.

商彦蕊, 李会昌, 任春霞. 2006. 石家庄市主要农作物灌溉节水潜力研究. 中国人口资源与环境, 16(2): 95-98.

史长莹. 2009. 流域水资源可持续利用评价方法及其应用研究. 西安: 西安理工大学博士学位论文.

苏春宏, 陈亚新, 徐冰. 2008. ET_0 计算公式的最新进展与普适性评估. 水科学进展, 19(1): 129-136.

孙才志, 刘玉玉, 陈丽新, 等. 2010. 基于基尼系数和锡尔指数的中国水足迹强度时空差异变化格局. 生态学报, 30(5): 1312-1321.

孙海栓, 吕乐福, 刘春生, 等. 2012. 不同形态磷肥的径流流失特征及其效应. 水土保持学报, 26(4): 90-93.

孙世坤, 蔡焕杰, 王健. 2010. 基于 CROPWAT 模型的非充分灌溉研究. 干旱地区农业研究, 28(1): 27-33.

孙义鹏. 2007. 基于水足迹理论的水资源可持续利用研究——以沿海缺水城市大连为例. 大连: 大连

理工大学博士学位论文.

覃德华, 李娜, 何东进, 等. 2009. 基于虚拟水的福建省 2006 年水足迹评价. 福建农林大学学报(自然科学版), 38(4): 400-405.

汤铃, 李建平, 余乐安, 等. 2010. 基于距离协调度模型的系统协调发展定量评价方法. 系统工程理论与实践, 30(4): 594-602.

田园宏, 诸大建, 王欢明, 等. 2013. 中国主要粮食作物的水足迹值: 1978-2010. 中国人口资源与环境, 23(6): 122-128.

佟瑞, 朱顺泉. 2005. 基于因子分析法的我国各省市社会经济发展水平评价研究. 生产力研究, (9): 19-20.

涂斌. 2012. 地方政府财政农业支出效率评价与影响因素分析. 统计与决策, (12): 129-132.

涂武斌, 张领先, 傅泽田. 2012. 基于多目标规划的农村生态系统健康评价指标选择模型. 系统工程理论与实践, 32(10): 2229-2236.

汪恕诚. 2005. 解决好水问题保障中国的粮食安全. 中国水利, (6): 5-7.

王婧. 2009. 中国北方地区节水农作制度研究. 沈阳: 沈阳农业大学博士学位论文.

王立春, 边少锋, 任军, 等. 2010. 提高玉米主产区玉米单产的技术途径研究. 玉米科学, 18(6): 83-85.

王丽霞, 任志远, 任朝霞, 等. 2011. 陕北延河流域基于 GLP 模型的流域水土资源综合配置. 农业工程学报, 27(4): 48-53.

王伦平, 陈亚新, 曾国芳. 1993. 内蒙古河套灌区灌溉排水与盐碱化防治. 北京: 水利水电出版社: 60-85.

王思舒, 王志刚, 钟意. 2011. 我国农业补贴政策对农产品生产的保护效应研究. 经济纵横, (4): 59-62.

王涛, 吕昌河. 2012. 基于合理膳食结构的人均食物需求量估算. 农业工程学报, 28(5): 273-277.

王文圣, 金菊良, 丁晶, 等. 2009. 水资源系统评价新方法——集对评价法. 中国科学 E 辑(技术科学), 39(9): 1529-1534.

王晓鹏, 索南加, 丁生喜. 2012. 青海藏区社会经济发展水平动态评价研究. 数学的实践与认识, 42(6): 47-51.

王效科, 赵同谦, 欧阳志云, 等. 2004. 乌梁素海保护的生态需水量评估. 生态学报, 24(10): 2124-2129.

王新华, 龚爱民, 郭美华, 等. 2010. 玉溪市生产耗水量与水足迹评价. 江苏农业科学, (3): 409-412.

王新华, 徐中民, 龙爱华. 2005. 中国 2000 年水足迹的初步计算分析. 冰川冻土, 27(5): 774-780.

王艳阳, 王会肖, 刘海军, 等. 2012. 极端气候条件下关中灌区农业节水潜力研究. 北京师范大学学报(自然科学版), 48(5): 577-581.

王玉宝. 2010. 节水型农业种植结构优化研究——以黑河流域为例. 陕西杨凌: 西北农林科技大学博士学位论文.

王裕雄, 肖海峰. 2012. 实证数学规划模型在农业政策分析中的应用——兼与计量经济学模型的比较. 农业技术经济, (7): 15-21.

魏芳菲. 2009. 基于遥感方法的吐鲁番地区农业节水潜力估算与分析. 南昌: 南昌大学硕士学位

论文.

吴普特, 冯浩. 2005. 中国节水农业发展战略初探. 农业工程学报, 21(6): 152-157.

吴普特, 牛文全. 2002. 现代高效节水灌溉设施. 北京: 化学工业出版社: 1-6.

吴普特, 牛文全. 2003. 节水灌溉与自动控制技术. 北京: 化学工业出版社: 1-3.

吴普特, 王玉宝, 赵西宁. 2012. 中国粮食生产水足迹与区域虚拟水流动报告(2010). 北京: 中国水利水电出版社, 1-12.

吴普特, 王玉宝, 赵西宁. 2013. 中国粮食生产水足迹与区域虚拟水流动报告(2011). 北京: 中国水利水电出版社, 10.

吴普特, 赵西宁, 操信春, 等. 2010. 中国"农业北水南调虚拟工程"现状及思考. 农业工程学报, 26(6): 1-6.

吴普特, 赵西宁, 冯浩, 等. 2007. 农业经济用水量与我国农业战略节水潜力. 中国农业科技导报, 9(6): 13-17.

吴普特, 赵西宁. 2010. 气候变化对中国农业用水和粮食生产的影响. 农业工程学报, 26(2): 1-6.

吴普特. 2011. 中国旱区农业高效用水技术研究与实践. 北京: 科学出版社.

吴旭春, 周和平, 张俊强. 2006. 新疆灌溉农业发展与节水潜力研究. 中国农村水利水电, (2): 24-27.

武银星, 秦景和. 2009. 内蒙古河套灌区供排水运行管理统计资料汇编(1960—2008年). 巴彦淖尔市: 内蒙古河套灌区管理局.

项学敏, 周笑白, 康晓琳. 2009. 大连市旅顺口区与经济技术开发区水足迹初步研究. 大连理工大学学报, 49(1): 28-32.

肖燕, 刘凌. 2009. 流域复合系统协调度的评价方法研究. 水电能源科学, 27(3): 15-17.

徐存东, 冯起, 翟禄新, 等. 2010. 干旱区扬水灌溉对灌区地下水盐演化的影响. 甘肃农业大学学报, 45(3): 119-124.

徐昔保, 杨桂山. 2013. 太湖流域 1995—2010 年耕地复种指数时空变化遥感分析. 农业工程学报, 29(3): 148-155.

徐中民, 张志强, 程国栋. 2000. 甘肃省 1998 年生态足迹计算与分析. 地理学报, 55(5): 607-616.

许建中, 毕琳. 2006. 基于因子分析的城市化发展水平评价. 哈尔滨工程大学学报, 27(2): 313-318.

许建中, 赵竞成, 高峰, 等. 2004. 灌溉水利用系数传统测定方法存在问题及影响因素分析. 中国水利, (17): 39-41.

杨龙, 高占义. 2005. 灌区建设对生态环境的影响. 水利发展研究, 5(9): 18-23.

杨树青, 叶志刚, 史海滨, 等. 2010. 内蒙河套灌区咸淡水交替灌溉模拟及预测. 农业工程学报, 26(8): 8-17.

杨希娃, 代美灵, 宋坚利, 等. 2012. 雾滴大小、叶片表面特性与倾角对农药沉积量的影响. 农业工程学报, 28(3): 70-73.

杨颖. 2008. 通辽市科尔沁区农业节水潜力研究. 呼和浩特: 内蒙古农业大学硕士学位论文.

姚宛艳, 徐海洋, 郭群善, 等. 2013. 灌区专项普查数据简析. 中国水利, (7): 18-19.

叶堂林. 2004. 我国农业政策变量与其战略目标之间的相关性研究. 学术探索, (12): 18-21.

尹剑, 王会肖, 刘海军, 等. 2013. 关中地区典型作物农业节水潜力研究. 北京师范大学学报(自然科学版), 49(2): 205-209.

尹宗成，丁日佳，赵振保. 2007. 基于粗糙集理论的煤炭资源型城市发展水平综合评价. 煤炭学报，32(10)：1112-1116.

余炳文，姜云鹏. 2013. 资产评估理论框架体系研究. 中南财经政法大学学报，(2)：34-39.

詹红丽，李丹，郭富庆. 2011. 大型灌区面源污染现状调研及成因规律分析. 中国农村水利水电，(3)：17-20, 25.

张翠芳，牛海山. 2009. 民勤三项农业节水措施的相对潜力估算. 农业工程学报，25(10)：7-12.

张大弟，张晓红，陈佩青. 2000. 水溶性农药流失的影响因素及污染防治. 上海环境科学，19(8)：388-390.

张慧春，郑加强，周宏平，等. 2007. 农药精确施用系统信息流集成关键技术研究. 农业工程学报，23(5)：130-136.

张璇，郝芳华，王晓，等. 2011. 河套灌区不同耕作方式下土壤磷素的流失评价. 农业工程学报，27(6)：59-65.

张艳妮，白清俊，马金宝，等. 2007. 山东省灌溉农业节水潜力计算分析. 山东农业大学学报(自然科学版)，38(3)：427-431.

张艳妮. 2008. 山东省灌溉农业分区及节水潜力预测. 泰安：山东农业大学硕士学位论文.

张祎，牛兰花，樊云. 2000. 葛洲坝蓄水以后库区蒸发水量的计算与分析. 水文，20(3)：33-35.

张永勤，彭补拙，缪启龙，等. 2001. 南京地区农业耗水量估算与分析. 长江流域资源与环境，10(5)：413-418.

张元禧，施鑫源. 1998. 地下水水文学. 北京：中国水利水电出版社，162.

张志杰，杨树青，史海滨，等. 2011. 内蒙古河套灌区灌溉入渗对地下水的补给规律及补给系数. 农业工程学报，27(3)：61-66.

赵红飞，方朝阳. 2010. 基于虚拟水消费的郑州市水足迹计算. 水电能源科学，28(2)：30-31.

赵军，付金霞. 2006. 虚拟水理论在河西走廊的应用研究. 人民黄河，28(2)：38-40.

赵克勤. 2000. 集对分析及其初步应用. 杭州：浙江科技出版社.

赵丽蓉，黄介生，伍靖伟，等. 2011. 水管理措施对区域水盐动态的影响. 水利学报，42(5)：514-522.

赵锁志，孔凡吉，王喜宽，等. 2008. 地下水临界深度的确定及其意义探讨以河套灌区为例. 内蒙古农业大学学报，29(4)：164-167.

赵西宁，王玉宝，马学明. 2014. 基于遗传投影寻踪模型的黑河中游地区农业节水潜力综合评价. 中国生态农业学报，22(1)：104-110.

郑健，蔡焕杰，王健，等. 2009. 日光温室西瓜产量影响因素通径分析及水分生产函数. 农业工程学报，25(10)：30-34.

郑文钟，何勇. 2005. 基于粗糙集的粮食产量组合预测模型. 农业机械学报，36(11)：75-78.

中国主要农作物需水量等值线图协作组. 1993. 中国主要农作物需水量等值线图研究. 北京：中国农业出版社.

中华人民共和国财政部. 2004—2013. 财政部文告. http://www.mof.gov.cn/zhengwuxinxi/caizhengwengao/

中华人民共和国国家发展和改革委员会. 2009. 全国新增 1000 亿斤粮食生产规划(2009—2020 年). http://www.sdpc.gov.cn/

中华人民共和国国家环境保护总局. 2002. GB3838—2002 地表水环境质量标准. 北京：中国标准出版社.

中华人民共和国国家技术监督局. 1993. GB/T14848—93 地下水质量标准. 北京：中国标准出版社.

中华人民共和国国家统计局. 1990-2012. 中华人民共和国国民经济和社会发展统计公报（1990-2012）. http://www.stats.gov.cn/tjgb/

中华人民共和国国家统计局. 2012. 国家数据. http://data.stats.gov.cn/.

中华人民共和国水利部. 1999. 灌溉与排水工程设计规范. 北京：国家质量技术监督局、中华人民共和国建设部 联合发布.

中华人民共和国水利部. 2004—2012. 2004—2012 年水资源公报. http://www.mwr.gov.cn/zwzc/hygb/szygb/

中华人民共和国水利部. 2011. 2011 年水资源公报. http://www.mwr.gov.cn/zwzc/hygb/szygb/

中华人民共和国中共中央国务院. 2004-2014. 中央一号文件（2004-2014）. http://www.xinhuanet.com

周振民，赵红菲. 2008. 灰色系统理论在节水潜力估算中的应用. 中国农业工程学会 2007 年学术年会，大庆市.

朱兵，王文圣，王红芳，等. 2008. 集对分析中差异不确定系数 i 的探讨. 四川大学学报（工程科学版），40(1)：5-9.

庄严. 2006. 农业节水技术潜力评价方法研究. 北京：中国农业科学院硕士学位论文.

邹君，杨玉蓉. 2008. 湖南省 2005 年水足迹及其启示. 衡阳师范学院学报，29(3)：118-121.

左燕霞. 2007. 农业节水潜力分析与灌溉水优化配置研究. 兰州：甘肃农业大学硕士学位论文.

Azizian A, Sepaskhah A R. 2014. Maize response to different water, salinity and nitrogen levels: agronomic behavior. International Journal of Plant Production, 8(1): 107-130.

Bulsink F, Hoekstra AY, Booij M J. 2010. The water footprint of Indonesian provinces related to the consumption of crop products. Hydrology and Earth System Sciences, 14(1): 119-128.

Cammalleri C, Anderson M C, Gao F, et al. 2014. Mapping daily evapotranspiration at field scales over rainfed and irrigated agricultural areas using remote sensing data fusion. Agricultural and Forest Meteorology, 186: 1-11.

Cao L H, Hao S L, Chen N X. 2010. Building and evaluation of the rural ecological environment index system//2010 International Conference on E-Product E-Service and E-Entertainment, 7-9, 1-4.

Cazcarro I, Hoekstra A Y, Choliz J S. 2014. The water footprint of tourism in Spain. Tourism Management, (40): 90-101.

Chapagain A K, Hoekstra A Y. 2003. Virtual Water Trade: A Quantification of Virtual Water Flows between Nations in Relation to International Trade of Livestock and Products//Virtual Water Trade: Proceedings of the International Expert Meeting on Virtual Water Trade. Value of Water Research Report Series No12, International Institute for Infrastructural and Enviromental Engineering Delft.

Chapagain A K, Hoekstra A Y. 2008. The global component of freshwater demand and supply: An assessment of virtual water flows between nations as a result of trade in agricultural and industrial products. Water International, 33(1): 19-32.

Chapagain A K, Hoekstra A Y. 2011. The blue, green and grey water footprint of rice from production and consumption perspectives. Ecological Economics, 70(4): 749-758.

Chen C, Wang E L, Yu Q A. 2010. Modelling the effects of climate variability and water management on crop water productivity and water balance in the North China Plain. Agricultural Water Management 97(8): 1175-1184.

Cheng L, Carolien Kroeze, Hoekstra A Y. 2012. Past and future trends in grey water footprints of anthropogenic nitrogen and phosphorus inputs to major world rivers. Ecological Indicators, (18): 42-49.

De Louw P G B, Eeman S, Essink G H P, et al. 2013. Rainwater lens dynamics and mixing between infiltrating rainwater and upward saline groundwater seepage beneath a tile-drained agricultural field. Journal of Hydrology, 501: 133-145.

Garcia-Tejero I F, Arriaga J, Duran-Zuazo V H, et al. 2013. Predicting crop-water production functions for long-term effects of deficit irrigation on citrus productivity (SW Spain). Archives of Agronomy And Soil Science, 59(12): 1591-1606.

He D, Liu Y L, Pan Z H, et al. 2013. Climate change and its effect on reference crop evapotranspiration in central and western Inner Mongolia during 1961-2009. Frontiers of Earth Science, 7(4): 417-428.

Heydari M M, Heydari M. 2014. Evaluation of pan coefficient equations for estimating reference crop evapotranspiration in the arid region. Archives of Agronomy And Soil Science, 60(5): 715-731.

Hoekstra A Y, Chapagain A K, Aldaya M M. 2011. The water footprint assessment manual: Setting the global standard. Earthscan London, UK.

Hoekstra A Y, Chapagain A K, Aldaya M M. 2012. 水足迹评价手册. 刘俊国, 曾昭, 韩乾斌, 译. 北京: 科学出版社.

Hoekstra A Y, Chapagain A K. 2008. Globalization of water: Sharing the planet's freshwater resources. Oxford, UK: Blackwell Publishing.

Hoekstra A Y, Mekonnen M M. 2012. The water footprint of humanity. Proceedings of the National Academy of Sciences of The Unitsed States of America, 109(9): 3232-3237 .

Hoekstra A Y. 2003. Virtual water: an introduction//Virtual Water Trade: Proceedings of the International Expert Meeting on Virtual Water Trade. Value of Water Research Report Series No. 12. Delft, The Netherlands: International Institute for Infrastructural, Hydraulic and Enviromental Engineering: 13-23.

Hoff H, Doll P, Fader M, et al. 2014. Water footprints of cities-indicators for sustainable consumption and production. Hydrology and Earth System Sciences, 18(1): 213-226.

Iqbal M A, Shen Y, Stricevic R, et al. 2013. Evaluation of the FAO Aqua Crop model for winter wheat on the North China Plain under deficit irrigation from field experiment to regional yield simulation. Agricultural Water Management, 135: 61-72.

Irmak S, Mutiibwa D, Payero J, et al. 2013. Modeling soybean canopy resistance from micro-meteorological and plant variables for estimating evapotranspiration using one-step Penman-Monteith approach. Journal of Hydrology, 507: 1-18.

Kitao M, Komatsu M, Hoshika Y, et al. 2013. Seasonal ozone uptake by a warm-temperate mixed deciduous and evergreen broadleaf forest in western Japan estimated by the Penman-Monteith approach combined with a photosynthesis-dependent stomatal model. Environmental Pollution, 184 (S1): 457-463.

Lane S N. 2014. Virtual water. Geography, 99(1): 51-53.

Li B G, Huang F. 2010. Trends in China s agricultural water use during recent decade using the green and blue water approach. Advances in Water Science, 21(4): 575-583.

Liu C, Kroeze C, Hoekstra AY, et al. 2012. Past and future trends in grey water footprints of anthropogenic nitrogen and phosphorus inputs to major world rivers. Ecological Indicators, 18: 42-49.

Liu HJ, Li Y, Josef T, et al. 2014. Quantitative estimation of climate change effects on potential evapotranspiration in Beijing during 1951-2010. Journal of Geographical Sciences, 24(1): 93-112.

Liu J G, Hong Y, Savenije H H G. 2008. China's move to higher-meat diet hits water security. India Environment Portal Knowledge for Change, 24(7): 454, 397.

Liu J G, Zehnder A J B, Yang H. 2009. Global consumptive water use for crop production: The importance of green water and virtual water. Water Resources Resarch, 45(10): 1-15.

Maite M Aldaya, Pedro Martínez-Santos, M Ramón Llamas. 2010. Incorporating the Water Footprint and Virtual Water into Policy: Reflections from the Mancha Occidental Region, Spain. Water Resources Management, 24(5): 941-958.

Mascarenhas A, Coelho P. 2010. The role of common local indicators in regional sustainability assessment. Ecological Indicators, 10(3): 646-656.

Mekonnen M M, Hoekstra A Y. 2011b. National water footprint accounts: the green, blue and grey water footprint of production and consumption. [Report]. http://doc. utwente. nl/76913/.

Mekonnen M M, Hoekstra A Y. 2010. A global and high-resolution assessment of the green, blue and grey water footprint of wheat. Hydrology and Earth System Sciences, (14), 1259-1276.

Mekonnen M M, Hoekstra A Y. 2011a. The green, blue and grey water footprint of crops and derived crop products. Hydrologe and Earth System Sciences, 15(5): 1577-1600.

Mekonnen M M, Hoekstra A Y. 2012. A global assessment of the water footprint of farm animal products. Ecosystems, 15(3): 401-415.

Montesinos P, Camacho E, Campos B. 2011. Analysis of Virtual Irrigation Water. Application to Water Resources Management in a Mediterranean River Basin. Water Resources Management, 25(6): 2635-2651.

Pesticide Regulatory Sci Comm. 2003. Circumstances and details for revision of agricultural chemical regulation law. Journal of Pesticide Science, 28(3): 365-368.

Pognant D, Canone D, Previati M, et al. 2013. Using EM equipment to verify the presence of seepage losses in irrigation canals. Procedia Environmental Sciences, 19: 836-845.

Ridoutt B G, Fister S P. 2013. A new water footprint calculation method integrating consumptive and degradative water use into a single stand-alone weighted indicator. The International Journal of Life Cycle Assessment, 18(1): 204-207.

Shrestha S, Pandey V P, Chanamai C, et al. 2013. Green, Blue and Grey Water Footprints of Primary

Crops Production in Nepal. Paddy and Water Environment, 12(1): 43-54.

Smith M. 1993a. Climwat for Cropwat, a climatic database for irrigation planning and management. FAO of Unitsed Nations, Rome.

Smith M. 1993b. Cropwat: a computer program for irrigation planning and management. FAO of Unitsed Nations, Rome.

Sun S K, Wu P T, Wang Y B, et al. 2013a. The impacts of interannual climate variability and agricultural inputs on water footprint of crop production in an irrigation district of China. Science of the Total Environment, (444): 498-507.

Sun S K, Wu P T, Wang Y B, et al. 2013b. Temporal Variability of Water Footprint for Maize Production: The Case of Beijing from 1978 to 2008. Water Resources Manage, 27(7): 2447-2463.

Taghvaeian S, Chavez J L, Bausch W C, et al. 2014. Minimizing instrumentation requirement for estimating crop water stress index and transpiration of maize. Irrigation Science, 32(1): 53-65.

Wang L L, Ding X M, Wu X Y. 2013. Blue and grey water footprint of textile industry in China. Water Science and Technology, 68(11): 2485-2491.

Wang Z, Yang Q, Lu C. 2007. An assessment of regional water resource based on water footprint-a case study of chongqing municipality. Journal of Southwest University (Natural Science Edition), 29(8): 139-145.

Wu P T, Jin J M, Zhao X N. 2010. Impact of climate change and irrigation technology advancement on agricultural water use in China. Climatic Change, 100(3-4): 797-805.

Yurdusev M A, Kumanlıoğlu A A. 2008. Survey-based estimation of domestic water saving potential in the case of manisa city. Water Resources Management, (22): 291-305.

Zhang B Q, Wu P T, Zhao X N, et al. 2014. Spatiotemporal analysis of climate variability (1971-2010) in spring and summer on the Loess Plateau, China. Hydrological Processes, 28(4): 1689-1702.

Zhao X N, Chen X L, Huang J, et al. 2014. Effects of vegetation cover of natural grassland on runoff and sediment yield in loess hilly region of China. Journal of The Science of Food and Agriculture, 94(3): 497-503.